U0094723

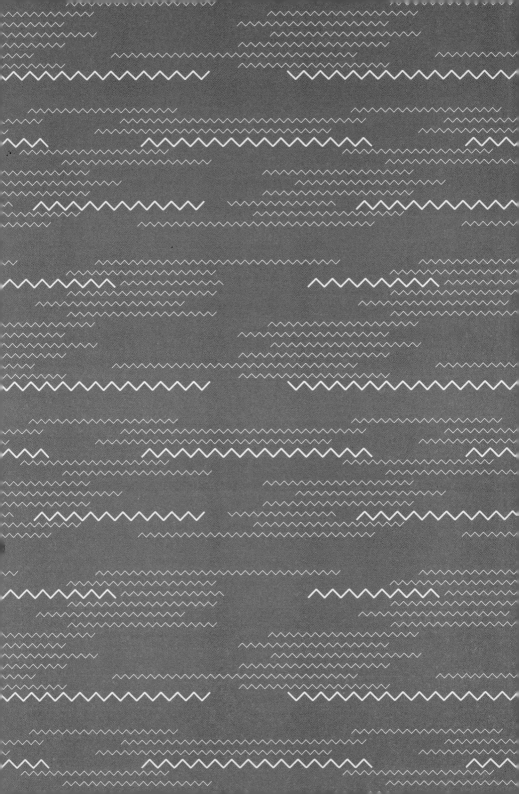

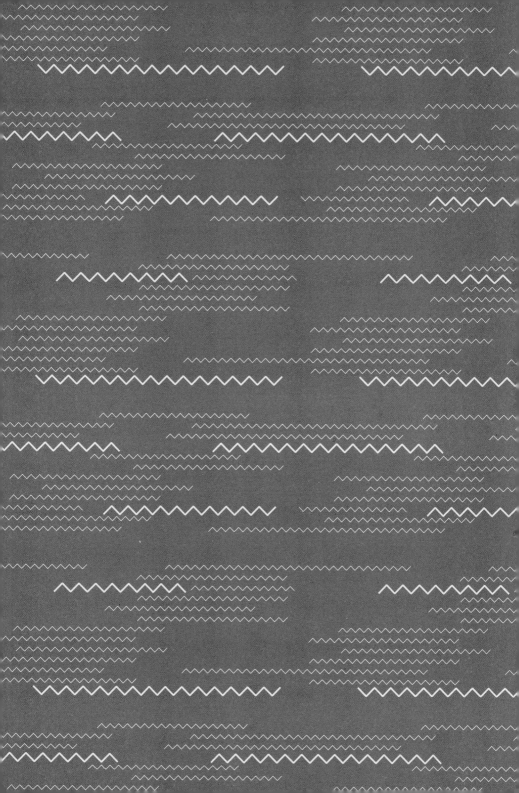

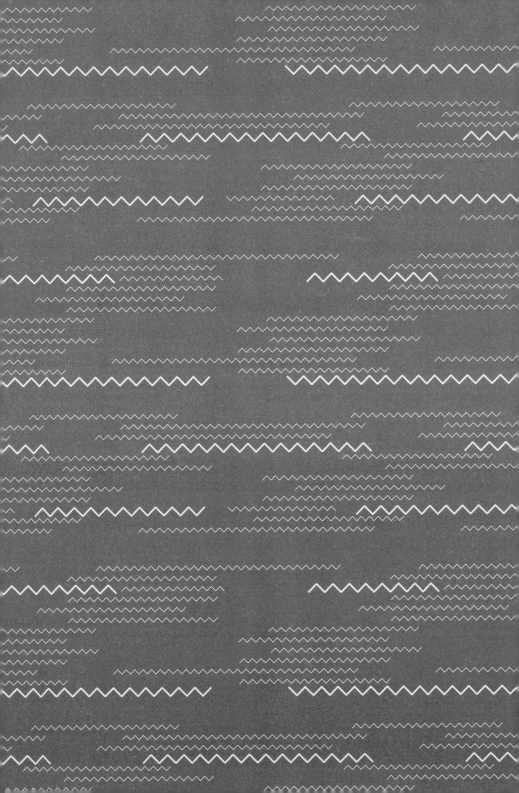

WORKING WITH AI

Real Stories of
Human-Machine Collaboration

智慧
協作時代

一人即團隊的高生產力新商業模式

湯瑪斯・戴文波特 Thomas H. Davenport、斯蒂芬・米勒 Steven M. Miller 著

周群英 譯

CONTENTS

第一部　AI 同事與智慧協作實況

1　摩根士丹利

2　ChowNow

3　Stitch Fix

4　阿肯色州立大學

第二部　AI 賦能下的職場大未來

第三部　智慧協作時代的關鍵思考

這個世界不缺管理思想。每一年,有數以千計的研究人員、從業人員和其他專家,創作了數以萬計的文章、書籍、論文、貼文和 Podcast,但只有極少數人致力於推動真正的實務,而敢於談論未來管理者則更少。我們想在本系列裡展示的,正是這種對實務有意義、有立論依據,並為未來樹立方向的罕見觀點。

——羅伯特・霍蘭德(Robert Holland)董事總經理
《麻省理工學院史隆管理學院評論》
(*MIT Sloan Management Review*)

一人即團隊！
智慧協作時代來臨

關於人工智慧（AI）將對人類工作帶來什麼影響，這類作品已經汗牛充棟，我們很容易找到大量相關的預測、方法或責難。然而，想找到人們如何使用智慧機器從事日常工作的說明，卻並不容易。

起碼目前為止是這樣。本書的核心是針對工作和工作環境，提出二十九個詳細案例，說明人類已經在這些工作和工作環境裡，採用 AI 系統和自動化進行日常工作。我們把 AI 定義為：能夠完成過去需要人類大腦或是大腦與身體共同完成的任務之技術。我們每個研究案例，都包含這類技術。[1]

這些人機協作的例子，以及我們相關見解和結論都非常重要。因為長期以來由機器驅動的自動化，對人類工作的影響一直都是人們猜測和關注的主題。至少從 1500 年代末以來，女王伊麗莎白一世（Elizabeth I）拒絕了威廉‧李（William Lee）提出的絲襪自動針織機專利申請，因為

這種機器可能會讓針織工人變成窮人，人們就一直擔心使用機器會導致大規模失業。

如今，人類依然關心自己的職涯命運。最近相關的調查和分析焦點，是 AI 和相關自動化技術是否大量取代人類工作。有些分析這類問題的分析師，明確預測出我們即將失去（或增加）的工作比例和數量。我們不會在這裡回顧這些分析，但那些數字各不相同。從預測人們將失去二十億個工作機會（至 2030 年為止），到認為工作機會將淨增加數千萬個的預測都有。失業的比例則從 50％到 5％不等。有些預測比其他預測更嚴格，但預測結果的落差不表示人們對此有任何共識。[2]

沒有人確切知道 AI 會導致多少失業或就業問題，但這並不妨礙人們不斷發表各種書籍和文章進行預測。在這段時期，最早期的書對人類就業前景顯得相當消極。馬丁・福特（Martin Ford）的《被科技威脅的未來》（*Rise of the Robots*），以及傑瑞・卡普蘭（Jerry Kaplan）的《無需用人》（*Humans Need Not Apply*，暫譯）都是這種類型。[3] 他們談到隨時可能出現自動駕駛汽車和漢堡機器人，並預測這些會為許多人類勞工帶來可怕後果，以及更大的不平等。然而，到目前為止，尚未出現自動駕駛汽車和大規模使用的漢堡機器人，也沒有為司機和速食店員工帶來可怕

的後果。

職場走向人機迴圈新場域

　　這類主題的第二代書籍，則比較樂觀。在末日預言家 2016 年出書後僅僅一年，湯瑪斯‧戴文波特（Thomas H. Davenport）和茱麗亞‧柯比（Julia Kirby）合寫了一本書《下一個工作在這裡！智慧科技時代，人機互助的五大決勝力》（Only Humans Need Apply）。2018 年，他的前同事吉姆‧威爾森（Jim Wilson）與保羅‧道格爾提（Paul Daugherty）合著《人機合作》（Human + Machine，暫譯）。[4] 這兩本書都聚焦在增強技術，或說人類工作者與智慧機器刻意合作——有時被稱為「人機迴圈」（human in the loop，編按：結合人類判斷力和智慧機器的效率，提升系統性能和準確性）的工作環境。書中仍會警告 AI 對工作的影響，但重點已經從 AI 接管人類的工作，轉向人類和 AI 的合作模式。就像談到未來書籍中常出現的狀況一樣，這些論點沒有佐證大量數據，但確實談到工作裡的增強技術。我們兩人都堅信，**AI 的主要影響是增強人類的能力**。我們希望有更多證據和文件可以佐證，而非只有那兩本早期

書籍裡提到的初步例子。

我們也堅信，未來一、兩年內，因 AI 而流失的工作比例，將比較接近專家估計的下限。有一個預測非常有啟發性：2015 年，麥肯錫全球研究院（McKinsey Global Institute）將工作分解成任務，預測透過目前的 AI 技術，美國將可能有 45％ 的工作可以用自動化處理。[5] 然而兩年後，麥肯錫研究人員指出，有幾個因素：包括自動化的成本、勞動力不足、經濟效益和法規，將對自動化的速度和普及程度產生重大影響。他們把估計下調到可能不到 5％ 的工作適合「完全自動化」。[6]

樂見增強，人機協作

「全自動」這個詞非常重要。全自動常見的替代方案是部分自動化，或者透過智慧機器增強人類的工作，反之亦然。這也是本書關注重點。AI——至少是 2020 年代初期可以用的那種——非常適合強化大多數現實世界裡的工作環境。

在廣大的真實使用場景裡，無論是辦公室、工廠和現場環境，使用增強的案例比完全自動化的例子多更多，而

且這種狀況預計在可預見的未來持續下去。自動駕駛汽車技術就是一個例子。幾十年來，有些人說自動駕駛汽車和卡車已經「指日可待」，但實際上仍遙不可及。現在，我們擁有的並非完全自動化駕駛汽車，而是各種駕駛和導航輔助設備，讓駕駛汽車更容易、更安全，而不是完全的自動駕駛。儘管這類系統的供應商做了很多宣傳和承諾，但一些觀察家如今質疑，我們這些生活在今日的人，是否能在有生之年看到所有駕駛環境裡，都達到完全自動駕駛的結果。[7]

同樣模式也適用於 AI 的其他領域。**AI 可以執行小任務，而不是整個工作或整個業務流程**。AI 能夠幫助業務人員優先考量潛在客戶，並指導他們在銷售對話時使用最有效的語言，但人類銷售員仍然發揮重要作用。即使聊天機器人和對話式 AI 技術，已廣泛應用在客服領域，明智的組織也永遠不會完全撤除人類客服人員。相反地，AI 系統可以處理客戶最常重複和結構化的問題，而人類則會接管其餘部分；或者當 AI 系統無法處理客戶問題時，人類就可以出面。

根據製造業機構的一些證據顯示，機器人確實取代了工人：每個就定位的機器人，平均大約可以勝任三人份的工作。[8] 但是，過去十年我們曾和數百家公司以及其他類

型的組織談過，它們絕大多數做的是增強人類，而不是大規模自動化。這是 AI 早期採用者可能會遇到的情況，這些公司和組織要麼正在成長，不必解僱任何員工；要麼把人力調派去執行更複雜的任務。在 COVID-19（亦稱嚴重特殊傳染性肺炎）流行期間，一些企業確實解僱了工人，但大多數企業並沒有用機器取代他們。

企業導入 AI 的主要目的

　　世上仍會有一些高度結構化的工作環境，可以在這種環境裡，AI 以經濟又安全的方式達成全自動化。以及一些十分特殊的非商業應用，例如軍事和情報，人們將不惜代價在這些領域部署完全自主的 AI 機器。

　　長期以來，在工廠和其他高度結構化和可控的工作環境，各種形式的實體自動化，包括機器人，已經取代工人。[9] 在電子電路板上置入晶片、在汽車裝配廠焊接和噴漆汽車和卡車的車身，以及大規模的化學加工，都是常見例子。在 AI 自動化機器和機器人的推動下，這種趨勢顯然會持續下去，這些機器和機器人的能力愈來愈強，並逐漸變得更有能力和環境互動。儘管如此，我們預計即

使在工廠的環境下，增強的狀況也會比大規模自動化更為常見。

當然，這種情況可能出現變化。隨著技術變得更加成熟，以及公司逐漸將 AI 和自動化整合到其業務流程中，公司可能傾向使用機器而非人力。2018 年德勤（Deloitte survey）曾對美國高階主管做過一項調查，其中 63％ 熟悉 AI 的高階主管表示，他們將「盡可能讓更多工作自動化，以削減成本」。但該研究也顯示，談到採用 AI 技術的原因時，高階管理層最少提到的一個原因就是「為了直接減少員工人數」。而使用 AI 最常被提及的原因是，強化現有產品、最佳化內部營運、做出更好的決策，以及讓員工發揮更大的創造力。[10] 兩年後，德勤在 2020 年的調查報告中，發現了非常相似的狀況。[11]

事實上，裁員不僅是企業使用 AI 最少提到的原因，而且提到的頻率比 2018 年更低。這些調查結果符合我們在研究個案裡觀察到的結論。簡言之，根據我們和其他人的研究，眼前並沒有大規模自動化和相應大規模人力被取代的狀況。事實上，經歷這幾年的疫情後，許多公司正在苦苦尋找員工，而人口減少的長期趨勢，讓眼前問題變得更加複雜。在 2020 年代剩下的時間裡和未來幾十年，在世界十二大經濟體之中，除了其中一個國家外，所有國家

的出生率都將遠低於人口替代水準（replacement levels）。[12]
事實上，早期證據顯示，世界上幾個最大經濟體的人口老
化和工人退休，已經促使企業更加密集使用自動化，以維
持其經濟產出。[13]

人類和 AI 的合作是現在進行式

本書描述的研究有個明確的發現，也是我們開始這個
計劃時的猜測，那就是人類和 AI 的合作不是未來式，而
是現在式。這種合作雖然非俯拾即是，但起碼對許多組織
和員工來說確實如此。我們很容易就找到許多這類現象的
例子。事實上，如果不是由於本書篇幅和出版截止日期等
限制，本可涵蓋更多案例。現今，很多人每天都和 AI 打
交道，我們發現這類情況在大公司、小公司、辦公室、工
廠、農場，以及廣泛的知識型和行政工作裡上演。

可以說，和 AI 合作並不是什麼新現象。在金融服務
等產業裡，人們使用 AI 系統已經有四十年之久。現在，
幾乎所有其他產業，都看見了 AI 能力也在影響他們的工
作和職業，雖然這種影響是漸進的。這些技術包含基於規
則系統（rule-based systems）、具有多個「若則」（if-then）

條件語句，機器學習（machine learning, ML）和神經網路模型（根據標記結果的資料加以訓練，以預測未知成果），以及一些用於和客戶互動的自然語言處理系統。AI 包括透過機器人流程自動化達到辦公室工作自動化，以及透過實體機器人達到工廠自動化。這些 AI 系統可以執行多種不同功能：

- 根據過去的資料模式預測（通常是機器學習功能）；
- 建議如何進行工作或任務的下一步（有時稱為「推薦引擎」或「下一步最佳行動」系統），並利用規則和／或機器學習；
- 針對可能的活動項目排定優先順序，例如按照最有可能購買某物品，排列潛在銷售客戶清單。稱為「傾向建模」（propensity modeling，編按：使用數據預測行為），以機器學習為根據；
- 使用自然語言處理技術和客戶或員工對話，稱為「對話式 AI」；
- 從信件或合約等文件中擷取重要資料；
- 自動化流程裡的關鍵步驟，並利用這個流程裡使用的資訊做決策（和機器學習混用時，最常稱為「機器人流程自動化」或「智慧流程自動化」）。

AI 正在改變工作，
但不會讓每個人都失業

毫無疑問，AI 變得愈來愈普及和強大，能支援愈來愈多的任務和任務類型。已經在日常工作使用 AI 的產業和工作種類，其規模非常龐大，而且成長迅速。這就是為什麼我們分享這些研究案例和相關洞見十分重要。這些內容為私營和公共部門組織，在工作場所結合人類和機器能力的過程中，提供了有用的範例和指引。我們的例子也反駁了 AI 主要會衝擊人類就業的悲觀觀點。AI 確實正在改變工作，但不會摧毀人類的就業。

我們用來記錄當前實務的方法，有利人們了解 AI 影響工作的方式。首先，沒有必要猜測未來，因為我們對於 AI 輔助工作所描述的一切內容，實際上已經在發生。對於每個研究案例，我們都能觀察到智慧機器的工作環境。這一點幫助我們了解它們如何在多個面向上影響工作環境，例如人機協作的性質、專業知識需求變化的本質、其他員工或供應商如何參與公司在流程部署的 AI 職務生態系統，以及在職員工對自己工作有什麼感受。

也許，本書案例最重要的貢獻，在於它們針對增強現象提供了豐富觀點。在任何官方的統計數據裡，相對難以

找到 AI 增強人類工作的情況，反之亦然。AI 不會帶來失業。當人類和機器以增強的方式一起工作時，人們會執行工作裡的某些任務，而 AI 系統則執行其他任務。在某些情況下，人類可能會完成 80％的工作，而機器只完成一小部分；在其他情況下，情況恰恰相反，機器會完成大部分工作，人類則檢查輸出，並處理更複雜或不常見的情況，同時擔任其他支援角色。我們需要深入了解工作環境，才能詳細理解增強現象，而這只能透過書中介紹的各種研究案例才能做到。

我們的研究宗旨：AI 如何增強工作？

在我們全部的研究案例中，所有公司至少有一些員工每天都在工作時使用 AI。我們的主要目標，是至少採訪一位在組織第一線實際使用 AI 的人，然而大多數情況下，我們也會採訪該第一線使用者的生態系統裡，其他利害關係人，包括：

- 決定採用 AI 系統的經理或主管；
- 監督系統使用者的主管；

- 系統開發者；
- 將 AI 部分功能賣給使用 AI 組織的供應商；
- 使用該系統的一個或多個外部企業客戶。

我們透過多種方式找到研究對象，包括它們發表過的文章、AI 供應商發布的新聞稿或行銷資料、過往和我們任何一位作者有關係，或者透過同事推薦。在接觸的公司裡，大約 80％都成為我們的研究案例，也就是說以我們接觸過的公司來說，公司拒絕我們和其員工訪談的比例相對較低。

由於我們要訪談的對象是公司裡的員工，所以必須透過公司才能接觸到他們。因此，訪談對象在談到工作上使用智慧系統時，可能不願意談到他們擔心或害怕這類系統能否保障他們工作的話題。

我們撰寫的內容必須經過公司審查和批准。有些人可能認為，這些公司會刪除我們部分的研究，甚至刪掉全部的重要主題。然而，我們知道交給公司審核的研究案例草稿內容，也知道公司在審核過程中修改了哪些內容。對於我們每個研究案例，這些公司都沒有刪除任何「不方便透露的事實」。

整體而言，我們很驚訝這些公司竟然這麼願意合作，

讓我們彙整出這些研究案例，並且大方地讓我們直接接觸他們的員工。在訪談過程中，公司員工和經理與我們討論了他們的 AI 部署現況，以及如何改變其工作性質。儘管我們事先和公司聯絡人討論了訪談的一般目的和性質，但我們沒有事先讓他們看過訪綱，公司也沒有「預先安排」員工應該如何回答我們。

因為，我們的目標是說明已經受 AI 增強的工作，所以只看公司內部已經成功使用 AI 系統的案例。我們沒有和這些公司討論它們是否有過其他失敗的嘗試。我們的研究案例，無法說明其他在日常生產活動成功部署 AI 的專案比例。

書中有許多研究案例都以某種形式，以湯姆的名義在線上版的《富比士》（*Forbes*）專欄發表。在史帝夫的協助下，湯姆是其中二十一個案例的主要作者；在湯姆的協助下，史蒂夫是其中八個案例的主要作者。史蒂夫所做的一些案例，之所以用湯姆的名義在《富比士》發表，是因為該網站不允許共同作者。有一部分以前發表過的案例，經修改或更新後也在本書發表。我們的研究案例從 2019 年 10 月，到 2021 年 6 月期間完成。每個案例在完成時，都經過事實查核。從那時起至今，有些事實可能已經改變。

對我們來說，重要的是承認我們的探索、質化和描述性的研究方法，有其局限和缺點。我們提出的論述，無法超出樣本範圍。從我們蒐集的有限案例裡，無法得知這種類型的 AI 協作，在整個經濟體的普及程度。我們有意嘗試描述各種產業環境的多種工作型態，但我們沒有嘗試使用嚴格的抽樣方法，以取得適用於更廣泛人群的統計推論。我們將這類型的分析，留給許多高專業的經濟學家和政策分析師，他們專門研究實證方法、學科知識，以及從政府和其他來源取得產業等級的經濟數據，這些數據是獲得這類推論所需的材料。

本書讀者

關於未來工作與 AI 對工作的影響，有很多有趣的書籍。但據我們所知，我們的做法獨一無二。

理論和預測都很棒，但我們認為最好還是盡可能描述當前的現實。這本書描述了許多工作和工作環境，它們都是領先指標，告訴我們大多數工作在不久的將來會如何發展。如果你是經理，正在考慮哪些類型的 AI 增強工作可能對你有幫助，那麼你應該讀這本書。如果你是顧問或策

略家，正在思考如何設計未來十年的工作，那麼你應該讀這本書。如果你是學生，正在思考如何為職場做好準備並找到自己的位置，那麼你應該讀這本書。

本書結構

關於本書的寫作架構，首先在第一部〈AI同事與智慧協作實況〉。這些案例會按照三大應用環境排序：服務業環境、製造和其他生產營運環境，以及公共安全和基礎設施營運現場的工作環境。在每個研究案例的結尾，我們提供了簡短的學習要點，從該特定案例中提取重要的經驗課題，並提供可能有助於人們在任何特定環境下，組織規劃和部署AI應用程式的觀察結果。幾乎每個人，都可以從這些研究案例和學習要點中，汲取有用的收獲，不會只局限在你的特定產業或應用類型相關的內容。

談完研究案例後，我們會利用七章提出洞見。每一章都強調一個重要的跨領域主題，該主題和我們研究案例裡的多數或所有案例都相關。第二部〈AI賦能下的職場大未來〉章節分為三組：工作職務和技能生態系統、技術生態系統、對使用智慧機器人員的影響。

在第三部〈智慧協作時代的關鍵思考〉章節中，我們提出了未來十年內，在職場裡使用 AI 應用程式、增強技術，以及和第二部中那幾章提出的主題相關的趨勢看法。我們也為高階管理層、員工和政策制定者提供一些建議。

　　身為讀者的你，要如何瀏覽這本書全由你決定。不同的讀者可能根據自身產業、職能或使用的技術，可能會發現某些研究案例比其他案例，與他們的擔憂更休戚相關。在閱讀其他內容之前，你可以選擇先閱讀所有案例。或者，你可以先閱讀第一部中感興趣的案例，瀏覽所有學習要點，然後跳到第二部和第三部，以整理出個人的觀點與見解，打造在智慧協作時代中的成長策略。

第一部

AI 同事與
智慧協作實況

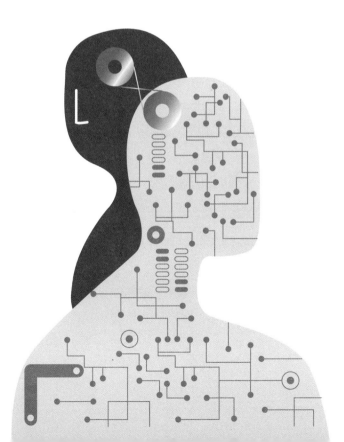

1

摩根士丹利

高效的財務顧問都在做什麼事？

里奇·布朗（Rich Brown）和克里斯蒂安·馬奎爾（Christian Maguire）是紐約地區的投資銀行「摩根士丹利」（Morgan Stanley）的財務顧問。他們除了直接幫客戶解決財富管理問題外，還領導富蘭克林大道財富管理團隊（Franklin Avenue Wealth Management Group）——由十位財務顧問和支援小組組成。布朗和馬奎爾均具理財規劃顧問的資格，已經在摩根士丹利工作多年。摩根士丹利是全球最大的財富管理公司，擁有近一萬六千名財務顧問、六十萬名員工，業務遍及四十二個國家。財務顧問為企業處理財富管理業務，但摩根士丹利也擁有投資銀行、投資管理、商業銀行和其他業務。

2018 年，摩根士丹利為旗下財務顧問推出一個新功

能，幫助他們和客戶合作。他們稱這個系統為「下一個最佳行動」（Next Best Action, NBA）。這個系統是公司用來和客戶進行個人化溝通和互動的平臺，也是基於 AI 的推薦引擎。財務顧問可以使用該平臺，向客戶展示個人化投資和財富管理的理念。若使用得當，該系統有可能明顯改變財務顧問和客戶合作與工作的方式。財務顧問可以自行決定是否使用這個系統，但有一些人和團隊，包括馬奎爾、布朗和富蘭克林大道財富管理團隊，都看到廣泛使用後帶來非常正面的影響。2020 年 COVID-19 大流行期間，由於顧問和客戶無法面對面開會，對財富管理業務來說，這個系統變得更加重要。發生疫情的前兩個月，下一個最佳行動系統使用次數超過一千一百萬次。

高效的財務顧問都在做什麼？

財務顧問會用各種不同方法和客戶合作。傳統的方法是提供交易建議，也就是向客戶推薦特定的證券，例如個股或債券。但由於整個金融業的證券交易手續費下降，所以處理客戶關係以諮詢為主要財富管理方法，變得愈來愈常見。布朗在他的 LinkedIn 頁面表示，其團隊致力為企

業家及他們的家庭，提供全面的財富管理解決方案。他和經驗豐富的團隊聯手，協助富有的客戶解決他們最關心的五個問題：保護他們的財富、節稅、照顧他們的繼承人、確保他人不會不公平地拿走他們的資產，以及慈善捐款。

布朗和馬奎爾都以財富管理為主，雖然他們團隊有一些財務顧問。在提供投資建議時，他們往往更傾向交易投資。至於財富管理師，他們不太可能推薦個別證券，但比較可能建議客戶購買和長期持有模型投資組合（model portfolios）、共同基金、指數股票型基金（ETF）以及市政債券等節稅投資。他們通常會為客戶制定財務計劃，幫助他們實現長期目標，這些目標通常以退休為主。他們還可以協助客戶制定遺產計劃，並幫助他們為繼承人建立信託。

傑夫‧麥克米倫（Jeff McMillan）是摩根士丹利財富管理部門的分析與資料長，帶領部門開發「下一個最佳行動」系統，並管理財富處理部門的績效資料。他表示，財務顧問成功的一個主要因素是：「有很多理論都在解釋財務顧問如何成功，例如應該組織團隊或以個人身分工作、是否應該為客戶制定財務計劃、是否應該把重點放在財富管理或交易。但我們的資料顯示，有個方法顯然會讓你無法成功，那就是不和客戶互動。無論你要做什麼，你都必

須做得很好，而且必須規模化。」

　　和客戶互動需要進行頻繁、有意義且值得信賴的溝通。但對財務顧問來說，頻繁溝通並確保溝通品質，一直都是很耗時的事。每個財務顧問平均有兩百位客戶，因此顧問必須兼顧溝通的深度和效率。幸運的是，這正是下一個最佳行動系統的功用所在。

富蘭克林大道財富管理團隊，因 AI 提升生產力？

　　布朗和馬奎爾表示，他們用下一個最佳行動系統做「很多不同的事」，有些是日常溝通，例如生日祝福、假期資訊、通知客戶美國國會通過新的退休法等諸如此類。該系統可以輕鬆設定過濾訊息，例如它可以把暴風警告發送到某些特定的郵遞區號。用這種方法傳遞訊息很有效率，該集團擁有約一千八百名客戶，它們可以在大約十分鐘內，量身制定出一則普通的訊息並發送出去。例如，如果股市大跌，自動發送的訊息會提到跌勢，將對客戶的投資組合帶來什麼具體影響。雖然這些內容可能由 AI 自動產生，但財務顧問會把這些訊息個人化，內容通常包含相

關的個人評論，以及適用於客戶的詳細資訊。

　　下一個最佳行動系統，除了可以針對客戶發送半通用的訊息外，還可以推薦一套由機器學習模型建立的個人化投資想法，財務顧問可以把這些內容發送給客戶，稱之為「想法思考」。某天，系統可能有大約二十個想法發送給客戶，但還是要由財務顧問決定是否發送這些內容。例如，他們可能會告知擁有特定債券的客戶，該債券已被降級，同時推薦他們替代方案。下一個最佳行動系統也可能註記表示，客戶剛剛在她的帳戶裡增加了 10 萬美元，並建議財務顧問聯繫客戶討論投資想法。如果共同基金或指數股票型基金的管理階層出現變化，系統可能建議財務顧問聯繫客戶，進一步討論是否繼續持有該基金。稅務年度接近尾聲時，系統可能告訴顧問，可以建議客戶善用課稅損失（tax loss）抵稅的機會。在這種情況下，下一個最佳行動系統等於把客戶變成更積極管理的投資組合。

　　下一個最佳行動系統，也會根據它們和貝萊德（BlackRock）的阿拉丁財富（Aladdin Wealth）風險管理平臺的合作，針對投資組合裡的風險等級和問題提出建議。它會持續監控客戶投資組合裡各種類型的風險。如果阿拉丁財富平臺發現風險等級很高，就會通知並鼓勵客戶和財務顧問進行討論。

讓 AI 發送投資建議，
客戶反而更依賴真人顧問

　　布朗和馬奎爾指出，下一個最佳行動系統也會提醒客戶某個特定問題，但這通常不是客戶主動提出要討論的內容。「**這個功能可以讓客戶記得，他們可以和我們討論其他事情**。這個系統大大提高客戶主動聯繫我們的次數，而他們想要討論的話題，往往和我們發送給他們的訊息無關。」就像麥克米倫對這個系統的描述：「我們有一個非常複雜的機器學習演算法，可以用來辨識客戶有興趣的主題。但歸根結柢，財務顧問是一場以人為本的環境。如果系統做的只是提醒客戶：顧問就在他們身邊，可以隨時協助他們，那麼通常就夠了。」

　　這個系統大大提高了富蘭克林大道財富管理團隊服務客戶的效率。該團隊的目標是每三十到九十天聯繫客戶一次，而下一個最佳行動系統，讓它們更容易做到個人化的客戶聯繫。解放財務顧問與客戶的例行性互動，表示顧問將有更多時間和客戶見面，例如和客戶開兩個小時的投資規劃會議。此外，團隊不需要雇用員工處理這類溝通，因為布朗和馬奎爾負責為整個團隊處理發送訊息。

　　麥克米倫表示，根據摩根士丹利的數據顯示，財務顧

問的生產力確實提高了。「過去，為客戶提出個人化的投資想法，大約需要四十五分鐘，現在則是瞬間完成。客戶顯然從我們這裡看到更多這樣的內容。自從採用下一個最佳行動系統以來，我們還發現財務顧問每天多撥出五到六通電話，客戶也撥更多電話給我們。」

AI 夥伴如何強化財務顧問的角色

　　布朗和馬奎爾承認，並不是每個人都滿意這個系統。他們說，一些年長的財務顧問不那麼常使用。有些年長的財務顧問，以及其他非該系統的使用者，可以看到系統對客戶發送哪些訊息，但他們不願意去查看，之後卻很困惑為什麼那麼多客戶會打電話給他們。年長的顧問也比較傾向和客戶建立個人安全、以交易投資為主的關係。下一個最佳行動系統也支援這類客戶關係，但布朗和馬奎爾更喜歡以諮詢為主的財富管理方法。

　　布朗和馬奎爾表示，自己很努力成為新科技的早期採用者，對於下一個最佳行動系統也不例外。他們團隊裡最擅長使用系統的財務顧問，和他們一樣擁抱科技。想要善用該系統，財務顧問必須蒐集客戶的偏好、家庭和興趣

等資訊，也就是著眼於客戶關係。布朗和馬奎爾都認為，團隊裡積極使用下一個最佳行動系統者，更有可能建立規模、發展出更多的客戶關係，得到更多資產管理，並因此提高效率。例如，如果他們了解該系統的運作原理，就可以追蹤客戶是否打開內含投資想法的電子郵件。如果客戶沒有打開訊息，他們就知道要打電話給客戶。他們還會查看機器學習產生的分數，以了解特定投資理念吸引特定客戶的可能性有多高。

麥克米倫表示，根據他們的分析顯示財務顧問的工作正在改變：

產業正在變化，只注重交易投資已經不足以提高客戶滿意度。我們需要提高財務顧問為客戶提供的價值，並針對如何幫客戶的父母找到長期醫療照護的資源，以及如何為這類服務付費等問題，向客戶提供建議。我們的終極目標，是和客戶建立並維持信任關係。在醫療照顧領域，你關心的是醫院品質，但你的滿意度往往是根據你和醫生的互動而決定。在財富管理領域也是如此。我們正在努力幫助財務顧問了解如何使用新工具建立這些關係、發展業務，並取得更大的成功。

在財富管理這個圈子，人們經常說需要「值得信賴的顧問」，但自古以來這個要求僅限於顧問的個人特質。摩根士丹利認為，信任關係還包括應該根據資料和 AI，為客戶提供最佳的投資建議。在未來，最好的財務顧問將擁有最好的個人關係，以及由資料驅動的優良建議。

我們從這個案例學到的課題

- AI 可以大幅提高對客戶發送個人化訊息的效率。
- 圍繞在 AI 通訊平臺和其他類型的資訊科技支援平臺，與 AI 功能一樣重要。
- 在管理客戶關係時，人的因素仍然非常重要，因為我們需要由人篩選機器的建議，並花時間與客戶交談。
- 如果公司讓員工自願採用有效的 AI 系統，有些員工可能不會採用，但採用該系統者可能會更有效率和獲得成功。

2

ChowNow
隨時提供符合市場需求的最佳銷售策略

科技新創公司正在建立一系列嶄新類型的工作，其中一種和成長營運有關。市場上有成長經理、成長副總、成長分析師、成長主管，還有其他形形色色的工作都和協助公司成長有關。ChowNow 的成長營運資深總監史蒂芬妮·蘇利文（Stephanie Sullivan），是成功的現任成長職主管。該公司為餐廳開發線上訂餐服務，它們不向餐廳收取訂單佣金，而是收取每月的訂閱費。公司總部位於洛杉磯，創投募資已超過 6 千萬美元，並表示已經幫助餐廳創造超過 10 億美元的收入，因此這種成長方式似乎很有用。

儘管成長經理有許多共同的特徵，但每一位都會有一點不同。蘇利文需向成長副總匯報，專注於把潛在客戶轉變成客戶的營運能力。尤其她把重心放在行銷漏斗的頂

層，嘗試在銷售流程中推進潛在客戶，並嚴格執行鎖定潛在客戶與銷售流程。她扮演行銷和銷售之間的橋梁，幫助行銷部門大規模部署針對特定潛在客戶的活動、鎖定分層受眾，並分析活動、電話、簡報，和潛在客戶開會的效益，以了解這些活動對轉換率的影響。潛在客戶的屬性也是她關心的重要問題。她想知道潛在客戶從哪裡來，以便在這些地方投入更多資源，並盡可能提供潛在客戶的資料給銷售團隊。其中許多議題可以用技術支援，而且蘇利文努力有效利用 ChowNow 的「技術堆疊」（tech stack，譯按：指專案使用的各種技術），及其自動化行銷的功能。

RingDNA 與 AI 的銷售應用

　　RingDNA 是蘇利文密切合作的一家主要供應商，該公司位於洛杉磯，提供各種工具促進公司與客戶的溝通，並提高銷售的可能。該公司的執行長兼創辦人霍華德‧布朗（Howard Brown）並不是典型的科技執行長。他擁有臨床心理學的碩士學位，是持有證照的婚姻、家庭和兒童治療師，曾以治療師身分工作過五年。布朗創辦並成功出售過幾家公司，這些公司為治療師們和其他類型的公司，開

發過線上和通訊功能。

　身為治療師，布朗比較特殊的地方在於，一直專注在分析以及分析對成功的影響。例如，他注意到因飲食失調而尋求協助的潛在客戶，絕大多數都是女性。如果這些女性撥打在網路上找到的診所電話，而和她們通話的是男性治療師，她們的放棄率高達 95％。於是，他開始把此類電話轉接給最有可能協助解決客戶問題的人。實際上，現在他正使用 RingDNA 幫科技公司實現這個目標。

　一開始，RingDNA 是個應用程式，用來取得並分析潛在客戶的關鍵資訊。這仍然是它的其中一個功能，但隨著時間過去，它變得更聰明，並發展出更多功能。現在，它已經成為內部銷售人員，或者 ChowNow 所說的銷售開發代表（sales development representatives, SDRs）的工具。這個系統可以撥打更多電話、了解電話中哪些內容有效或無效、建議下一步最佳行動，並提高整體績效。

　RingDNA 既是通訊平臺，也是分析工具，並密切結合賽富時（Salesforce）公司網站（Salesforce.com）。它提供客戶要撥打的電話號碼，不同活動配對不同的電話號碼，以及蒐集所有電話、電子郵件和簡訊，以供日後分析。利用這些訊息，它可以分析電話的投資報酬率。所有它蒐集到的客戶互動資訊，都會進入 ChowNow 的賽富時

客戶關係管理系統（CRM systems）。

在過去幾年間，RingDNA 在它的產品裡增加多項 AI 功能。它透過語音轉文字的技術，取得一‧八億通的電話資料，因此可以利用監督式機器學習，預測哪些訊息可以成功地讓潛在客戶同意參加簡報或會議。布朗表示，該公司的「簡報模型」在預測銷售代表的措辭，能否成功地讓潛在客戶參加簡報會議這件事情上，成功率高達 92％。這些模型對於銷售代表和銷售開發代表有絕佳的幫助，有助他們學習採用高績效人員的做法。你可以在線上圖書館找到這些做法。

RingDNA 的分析對於銷售人員、售前規劃顧問或服務經理，尤其有用，他們可以使用這些工具提供建議給銷售代表，有時候甚至會給予即時建議，告訴他們電話該怎麼打會更有效。如果經理正在聽通話內容，無論是錄音還是即時，他們都可以看到系統顯示的看法，並對這些看法加以注解。RingDNA 系統可能會說：「銷售代表不善於處理競爭激烈的領域。」經理可以在評論上點擊「同意」或「不同意」，以及寫下額外注解。該系統還可以計算出哪些人在通話中各自說了多久的話，所以如果談話內容過於單方面滔滔不絕，可以訓練該代表避免這種情況再度發生。

RingDNA 還有規則引擎，可以在通話期間建議銷售代表提出介入措施。例如，當潛在客戶詢問某個特性或功能時，代表可以提出為潛在客戶做簡報的可能性。如果代表確實提出建議，RingDNA 便可以觀察這樣的介入措施，是否對結果有幫助。實際上，它可以透過機器學習改善規則引擎。

雖然，這些功能在疫情爆發之前就很有效，但當銷售人員無法面對面拜訪客戶時，這種功能尤其有效。現場銷售已經變成內勤銷售，當銷售人員不在客戶面前時，他們無法解讀客戶的線索。在 COVID-19 疫情期間，市場對 RingDNA 的需求大增。毫不意外的是，現在銷售人員還可以在 RingDNA 安排與追蹤 Zoom 視訊會議通話。

在 ChowNow 採用 RingDNA

RingDNA 軟體可以根據潛在客戶打電話的次數，將不同的潛在客戶和商機，歸類成不同的行銷活動，並確認行銷活動是否有助促成銷售。它可以衡量每個活動和通路，在推廣活動上有多成功。如果有人撥打 ChowNow 網站上的電話，想要討論可能有多少銷售額，電話轉接後

RingDNA 會掃描 ChowNow 在賽富時的整個客戶關係管理系統，以查明是否有相符的業務人員，或與來電者相關的客戶開發代表，然後把電話轉給正確的人。**如果沒有人負責，軟體則可協助 ChowNow 根據技術、主題專業知識等，確認哪一個團隊最適合處理來電。**

該軟體的 AI 功能可以協助 ChowNow 提高員工績效。蘇利文說，RingDAN 尤其能夠提升管理者的能力，並給予他們輔導工具，同時提高他們和員工的生產力。當管理者為大型團隊招募人才時，總要面對一個問題：公司可以支援新員工到什麼程度。但 RingDNA 的 AI 技術，可以幫他們進行大規模輔導，業務新人第一次通話後 RingDNA 即可給予回饋，並把輔導課程儲存在一個程式庫中。「AI 加快我們提升的速度，」蘇利文指出。

蘇利文和成長部門，特別注重銷售開發代表的角色。在 ChowNow，銷售開發代表要對公司的成長部門報告，而不是對銷售部門報告。她說，銷售開發代表的主要工作是打電話，他們要盡可能多打電話給潛在客戶，以及盡可能得到肯定的答案。他們的目標是確保可以對客戶簡報或開會。她說，銷售開發代表的流動性通常非常高，這是入門等級的職位。公司需要盡快提高效率。RingDNA 會追蹤銷售代表最常用的詞彙，例如比起「每月訂閱」，「年

度訂閱」對潛在客戶和 ChowNow 更有利。此外，銷售代表和經理會一起努力，在通話時使用最好的關鍵字。

　　RingDNA 的分析和 AI 功能，也有助於銷售開發代表打電話給潛在客戶時，他們能夠接聽電話。例如，代表是否在正確的時間打電話？ChowNow 的客戶是餐廳，它們一直認為，如果銷售開發代表在午餐時間打給餐廳，將無法順利和餐廳的人通話。但資料顯示，這個時間是和潛在買家聯繫的最好時機之一。在這段時間裡，餐廳老闆和經理不會召開員工會議，而且人通常就在餐廳裡，員工則在接待顧客。

　　蘇利文和 ChowNow 的成長部門，也會利用其他支援工具，例如 Chili Piper，這是自動化的日曆預約工具。Chili Piper 可以自動化進行潛在客戶的預約流程，並讓 ChowNow 追蹤前來參加會議的潛在客戶是從哪裡來的，類似 RingDNA 追蹤誰打電話來的功能。

　　史蒂芬妮‧蘇利文在結束和我們的討論時，表示她現在的 ChowNow 工作，並不是她第一份類似的工作。在其整個職涯，她都在思考怎麼找到客戶。她曾和多家新創公司合作，每家公司都想提出一個想法，以實現石破天驚的目標。她不是一直都在科技領域工作，但她看到了科技的價值，並適應不斷成長的產業。她說，現在她的工作已經

變得非常技術化和自動化。每天工作時她都會問：「當我們發現某件事成功時，是什麼原因造成的？我們又該如何每天去做這件事？」她的工作包括界定和衡量推動成長的流程，以便用更有紀律的方式，更頻繁地落實這些流程。

我們從這個案例學到的課題

- AI 工具甚至可以為非結構化的銷售任務，提供建議和預測。
- AI 工具可以用來指導和評估員工與潛在客戶之間的溝通方法。
- AI 工具可以為第一線使用工具的團隊及團隊經理，提供及時的績效指導和評估，這樣做通常可以提高直接彙報的數量。

3

Stitch Fix
AI 輔助服裝造型師

　　Stitch Fix 是過去十年裡，最有趣且成長快速的零售商之一。該公司成立於 2011 年，在 2020 財政年度營收為 17 億美元，擁有三百五十萬名活躍客戶。這是一個線上個人造型服務，將 AI 演算法結合人類造型師，向客戶推薦服裝、鞋子或配件。這兩種智慧的目標是為客戶提供「Fix」——寄給客戶裝有五種個人化服裝的箱子，這些服裝非常適合客戶的個人風格、尺寸和預算。收到箱子的人可以保留他們看上的衣服，並支付相關費用，或者免費地寄回衣服。接著，客戶可以選擇繼續收到服飾箱，或者直接從推薦給他們的網站訂購商品。

　　Stitch Fix 自成立以來發展迅速。該公司現在提供男裝、童裝和女裝，服務美國和英國的客戶。目前，該公

司在美國有五千名造型師，也有近一百五十位資料科學家（data scientists）。從一開始，資料科學（data science，數據科學）和演算法就是該公司的核心，而且向來如此。Stitch Fix 可能是第一家有演算法長（chief algorithms officer）的公司，該公司前演算法長是艾瑞克·柯爾森（Eric Colson），現在是榮譽行政長。

資料科學結合人類經驗

　　Stitch Fix 採用多種 AI 的方法，但主要的方法是統計機器學習。該公司在造型、行銷、供應鏈、客戶服務以及許多營運方面，都使用機器學習模型獲得資訊。

　　造型演算法團隊，約占資料科學團隊三分之一的成員。資料科學家會蒐集並盡可能使用資料，包括每個客戶註冊後一開始做的風格測驗，藉以拿到他們第一個 Fix。他們還從「風格變換」（Style Shuffle）的線上測驗中，得到大量的客戶偏好資料。

　　這個功能類似約會軟體 Tinder 的線上測驗，鼓勵客戶就一系列服裝，快速做出反應。所有客戶的回覆，尤其是服裝箱裡客戶不要的衣服，都會受到認真對待，並納入

風格演算法中。

塔齊安娜·馬斯卡列維奇（Tatsiana Maskalevich）是 Stitch Fix 的資料科學總監，她也會為客戶設計風格。Stitch Fix 會教每位全職員工為客戶設計風格的技巧，無論你是資料科學家、軟體工程師還是會計師，都會學到這個能力。那是一種很罕見的職務組合，但對她來說，有助了解演算法和造型建議如何交互作用。演算法會提供造型師建議，造型師可以根據他對客戶和脈絡的了解，選擇是否接受或調整這些建議。

馬斯卡列維奇解釋，造型師既提供資料給 Stitch Fix 的演算法，又使用演算法來協助自己決定該怎麼做造型。她評論：「整個造型的過程，是資料和人為判斷與關係之間的平衡。做決策的是造型師和客戶，而不是東西。我們記錄他們所有行為，藉此改善建議。造型師的角色是了解客戶細微的個人風格，和客戶建立聯繫，並建立持久的關係。要找到合適的人，需要大量的面試和到職訓練。」

馬斯卡列維奇解釋造型師的工作方式：「假設我想從一條褲子開始設計 Fix。選好褲子後，我會有一些可以搭配的襯衫。現在，造型師可以為客戶直接購物設計服裝，他們也會看看演算法給的結果。」她說，造型演算法團

隊與造型師密切合作。有時候，公司會為造型師提供「演算法教學」，讓造型師對演算法運作有更高層次的理解。他們解釋，這些模型是根據許多不同的特徵運作，包括尺寸、客戶表達的偏好、客戶之前收到 Fix 的反應，以及風格變換裡的選擇。

馬斯卡列維奇表示，對造型師來說，很重要的是知道這些建議是根據許多他們記不住的特徵而來。此外，造型師還可以採用自動化和人類的指導，讓他們知道該如何讓客戶滿意他們的選擇。人類教練可以和造型師討論，如何結合藝術與科學，以及如何讓客戶滿意。

此外，造型師永遠都能推翻演算法的建議。相較於演算法，**人類造型師的主要優勢是他們了解服裝的脈絡。**客戶訂購 Fix 時，可以寫一些備註給造型師，造型師可以在設計 Fix 前先閱讀這些備註，那是他們了解服裝脈絡的主要工具。例如，有些客戶會留下「我不喜歡粉紅色的襯衫」，或「我想要一件花裙子」之類的一般說明文字，這些文字可以用自然語言處理（natural language processing, NLP）演算法解讀並採取對應行動。例如，造型師可以在原本的推薦衣物裡多加一件花裙子，或特意拿掉粉紅色的襯衫。

然而，客戶在給造型師的備註上，有時候也會寫像是

「我先生外派一年，很快就要回國了」、「我要參加婚禮，我的前任也會去」，或「我要開始新工作了，需要讓人留下深刻印象的穿搭風格」等文字，這些內容非常細膩又不常見，以至於自然語言處理演算法既沒有足夠的樣本，也沒有足夠的情感能力來充分處理這些問題。但造型師完全能夠理解這些文字脈絡的重要性。如此一來，造型師可能會推翻演算法的建議。當造型師和演算法的看法不一樣時，馬斯卡列維奇解釋，「我們會記錄這個資料點。」

人類擅長思考脈絡，
AI 擅長整合所有資料

　　談到演算法和人類造型師之間的分工時，她說：「演算法很擅長考慮到所有資料，人類則擅長考量脈絡因素，並據此做出主觀判斷。如果一個造型師駁回演算法的建議，但他的表現依舊良好，那很好。但總的來說，我們認為採用資料建議的造型師，他們的表現通常更成功。他們可以在指標和結果裡看到自己成功的程度，並調整選擇。整體來說，演算法讓他們的工作變得更容易，而推翻演算法的決定，則會讓工作變得比較困難。」她說，

資歷較深的造型師,通常都很擅長自己的工作,但演算法也會隨著時間改進。

馬斯卡列維奇表示,當她為客戶設計造型時,總是努力把這個角色做得更好,但要達成完美非常困難。「一切都在不斷變化,」她說,「市場上會有不同的風格趨勢,人的喜好會突然改變。例如,我沒有想到現在出現的『運動棉褲熱潮』(sweatpantdemic)。」她補充道,造型師的心態能夠適應變化,是非常重要的。

馬斯卡列維奇表示,即使對資料科學家來說,造型師的工作也非常需要聰明才智。「你不能墨守成規,」她說。這份工作最重要的部分,是和每個客戶建立和維繫關係。她已經和一位客戶合作五年,她的客戶還會分享度假照片給她,他們也透過 Fix 注釋和造型注釋,分享生活時刻。接下來,馬斯卡列維奇仔細思考著,要寄送哪些服裝給客戶。「這部分確實讓工作變得具有吸引力,」她評論。

造型主任的最佳解盲助理

凱特琳‧雅各佩特(Caitlin Yacopetti)是 Stitch Fix 的造型主任,擁有六年多的經驗,她的工作是支援造型師團

隊，為客戶提供卓越的體驗。她提到用 AI 推薦衣服的另一個好處：「這樣做可以幫我們排除自己的風格偏見，就不會因為自己喜歡或符合我們個人品味的產品分心，而是專注在客戶想要的東西上。當然，客戶想要的東西才是最重要的。此外，演算法的效率還可以做到大規模的個人化。例如，如果客戶告訴我們他不喜歡粉紅色，演算法就會去掉粉紅色衣服，或者選擇我們知道適合客戶的牛仔褲，這些都可以節省我們大量的時間。」

雅各佩特表示，在日常的造型工作裡，造型師雖然不用了解任何和演算法相關的技術知識，但重要的是，所有的造型師都要了解造型過程裡的演算法環境，進而信任演算法及其建議。

當人們問她如何看待未來造型師的職務變化時，她評論：「無論是即時和造型師視訊，還是透過 Stitch Fix 應用程式裡的一般造型建議，我們看到造型師有很大的機會和客戶加深關係。」

人類造型師是 Stitch Fix 商業模式裡不可或缺的一部分，而且 AI 似乎不太可能建立起客戶與造型師之間的關係，也無法真正理解客戶的特殊注解。因此，服裝造型師的工作似乎不太可能很快完全自動化。同時，Stitch Fix 進一步最佳化融合藝術與科學，為顧客購買和穿著時尚服飾

提供服務。

- AI 模型工程師，應該花時間和客戶及公司裡使用系統者互動，反之亦然。這樣做可以大幅提高雙方對技術、業務問題和用戶考量的理解。
- 透過評估人類推翻機器建議的情況，可以確定需要進一步學習的是機器還是人類。
- 使用 AI 系統的銷售顧問，應該定期接受訓練，了解如何在與客戶互動中，把屬於「藝術」的個人特色和人類建議，結合屬於「科學」的 AI 建議。

4

阿肯色州立大學

用 Gravyty 募款

　　泰勒・布克斯鮑姆（Taylor Buxbaum）是阿肯色州立
大學（Arkansas State University）兩所學院——博雅教育與
傳播學院（Liberal Arts & Communication）、科學和數學
學院的發展總監。眾所周知，阿肯色州立大學位於盛產水
稻和大豆的阿肯色州瓊斯伯勒（Jonesboro）區域，招收超
過一萬四千名學生。到這裡工作前，布克斯鮑姆曾在亞利
桑那州立大學（ASU）從事發展工作，擔任該職位已有數
年。他的妻子在阿肯色州立大學找到教音樂的工作，泰勒
也在那裡找到工作。

　　無論哪個機構，大學募款或發展專家的工作都很相
似，至少美國是這樣。我們的目標是和潛在的捐款人——
主要是校友，但不限於校友——建立關係。長期和他們保

持聯繫，最後說服他們捐大筆金額給學校。在 COVID-19 大流行前，布克斯鮑姆通常會去拜訪潛在的捐款人，但在疫情期間，他主要透過電子郵件和電話和他們交流。建立關係一段時間並討論捐款機會後，校方希望潛在的捐款人可以真的捐款，也許捐一大筆款項給學校。學校指定了大約一百五十名潛在主要捐款人人選給布克斯鮑姆，以及一些「次要人選」，這些潛在的次要捐款人不太可能捐大筆款項，但可能會捐款。

當募款員遇到 Gravyty

　　Gravyty 是位於波士頓的新創公司，利用 AI 協助非營利組織的募款流程。布克斯鮑姆在其第一份開發工作裡，並未使用 Gravyty，但在阿肯色州立大學時，前任發展副校長在一次會議上和 Gravyty 代表見面，該公司訪問了大學並為發展辦公室進行簡報。

　　布克斯鮑姆馬上發現這個軟體很有吸引力，因此自願在工作中測試並使用這個軟體。他喜歡資料以及「資料的具體內容」。2019 年 3 月，他開始對 Gravyty 進行內部測試，從那時起每個工作日都會使用。他說，這個軟體會優

先評估最有可能的捐款者，並產生有效的電子郵件，讓他在第一個月內拜訪潛在捐款人的次數增加一倍。

Gravyty 在布克斯鮑姆的工作中，扮演的主要角色是優先考慮和最有可能的捐款者互動，並為他產生電子郵件初稿。它根據機器學習的潛在客戶評分模型，以及自然語言生成撰寫訊息，這些訊息會以用戶個人表達以及使用的措辭產生。Gravyty 系統會為潛在客戶的評分提供事實根據，這些資料會附在建議的電子郵件裡。這些數據包括捐款人最後一次捐款、一生的捐款總額、最後一次聯繫捐款人的時間、校友身分或有親戚曾就讀該大學，以及電話號碼等要素。所有資訊都可以在螢幕上直接查看，而不像布克斯鮑姆在上一份工作那樣，必須查閱多個資料來源和試算表。

系統會追蹤他和哪些潛在客戶溝通，以及最近溝通的時間。Gravyty 使用阿肯色州立大學捐款人歷史資料庫的資料（Blackbaud 公司的 Raiser's Edge，儘管 Gravyty 也能和其他客戶關係管理系統整合）。布克斯鮑姆上班時，會收到幾封針對主要捐款人選裡的個人建議電子郵件，還有一封則是針對他的次要人選。他說，Gravyty 建議的電子郵件，內容通常非常接近自己送出的內容。然而，他通常還是會修改，尤其是針對他相中的主要捐款人選。在這些

內容中，他會提到潛在捐款人的特定興趣，或他與他們的對話。Gravyty 系統會從這些修改中學習，不斷改進其建議的措辭。在他發出的訊息裡，大約有一半不是 Gravyty 推薦的人選，這些人是布克斯鮑姆根據系統裡沒有的資訊而選中的。在系統指派給他的人選中，他很有可能改變聯繫的優先順序，因為他深諳整個針對主要捐款人的計劃。

至於針對次要潛在捐款人的信件，他通常會稍微修改軟體預先寫好的內容。在這兩類人選裡，Gravyty 都可以知道他是否已經發送電子郵件，以及收件人是否尚未回覆信件。軟體寫的電子郵件可能會建議你打電話，或在合適的時間拜訪潛在捐款人。如果布克斯鮑姆正要旅行，Gravyty 會建議他所有在他目的地裡應該拜訪的人，並提供發送電子郵件的流程，詢問潛在捐款人是否可以見面，準備拜訪。

系統如何協助募款員

布克斯鮑姆說，Gravyty 在很多方面都是他想要的產品。這個軟體建立了他的工作流程，並把所有任務包括追蹤的優先事項清單，直接放進他的收件匣。若不是

這樣，他就必須使用多種工具，在多項工具之間切換。如此一來，他花在找資訊和處理任務的時間便更少了。Gravyty 讓他可以騰出時間，去做更多只有他才能做的人類活動。布克斯鮑姆表示，整體而言該系統提高他的效率達 100％。如果沒有它，他就不想回去工作了。軟體提高他的工作效率，並幫助他打電話給最有可能捐款的人。

當他出差時，Gravyty 可以讓他更輕鬆地安排會議，幫助其在旅途中和主要與次要人選保持聯繫。該系統有個行動介面，可以透過智慧型手機完成他要做的所有事情。即使在機場，他也可以在手機螢幕上修改電子郵件內容，並發送給潛在客戶。

布克斯鮑姆衡量工作中使用 Gravyty 的好處，包括：

人選的數量：

- Gravyty 讓他能夠積極管理比以前多出 66％ 的主要人選，以及包含一百五十位潛在的次要人選，和另外八百四十名可拜訪的潛在捐款人名單。

高影響力行動（電話和會議）：

- 布克斯鮑姆發現，使用該系統的前六個月內，他執行高影響力行動增加了 37％。
- 他發現，從 2020 財政年度至 2021 財政年度為止，

每個月的高影響力行動增加了 160%。

使用 Gravyty 一個財政年度後，提案（主要捐款要求是 25,000 美元或更多）：

- 受資助的提案增加 175%。
- 募資的金額增加 540%。
- 平均捐款金額增加 132%。

投資報酬率：

- 在目前這個財政年度裡，布克斯鮑姆從全新的潛在客戶那收到兩筆捐款，總計 5 萬美元。如果沒有 Gravyty，他不會和這些潛在捐款人有任何互動。這些捐款已經夠整個募款團隊支付該軟體的使用費。

阿肯色州立大學所有其他主要募款主管都在使用 Gravyty，而且似乎很滿意軟體。

人類的募款活動不會消失

泰勒・布克斯鮑姆認為，雖然 Gravyty 很強大，但他還是能夠掌控自己的工作。他利用自己對恰當時機的直覺，向潛在捐款人「提出捐款要求」。而且表示，他依然

是那個「按下電子郵件發送鈕」的人。他說，很多工作仍然需要仰賴人類直覺，決定何時該提出捐款請求以及金額大小。他還經常可以從捐款人或潛在捐款人身上得到更多資訊，例如對方捐了多少錢給其他大學和非營利組織。

他並不擔心 Gravyty 或其他 AI 系統會取代他的工作。他總結：「每個產業都應該弄清楚 AI 是否取代人類，但我認為協助人類比取代人類更有幫助。對我來說，AI 讓我工作更有效率，募到更多資金。所以我當然喜歡它。」

我們從這個案例學到的課題

- AI 可以讓非營利組織和營利組織更成功。
- AI 可以彙整所有重要資訊、確認任務的優先順序、管理工作流程，以及支援後續執行的行政和溝通任務，藉此提高人類的生產力。
- 人類使用者仍要補充 AI 系統提出的建議，因為他們對先前對話的理解，以及對非正式見解的體認，都還沒有納入系統之中。

5

蝦皮
產品經理在 AI 電子商務裡的角色

蝦皮（Shopee）是東南亞六大經濟體——印尼、馬來西亞、菲律賓、新加坡、泰國和越南，以及台灣的領先電子商務平臺。2015 年，它在這些市場上線，目的是連結這些地區的消費者、賣家和企業。蝦皮之所以獲得成長和成功，是因為該公司的策略是以行動為中心（mobile-centric），並受益於其數據、分析和 AI 能力。超過 95％的蝦皮訂單，是透過行動應用程式下單。該公司在每個市場，會針對內容和電子商務流程進行高度本地化，並結合社群互動和電子商務，帶來社群購物的體驗。蝦皮是冬海集團（Sea Limited）旗下的公司，冬海集團是一家全球消費性網路公司，該公司還有遊戲和社群娛樂公司競舞娛樂（Garena），以及數位金融服務公司 SeaMoney。

產品經理，與數據和 AI 相關的產品和服務

克里斯・陳（Chris Chan）是新加坡人，2019 年加入蝦皮位於新加坡的公司總部，擔任產品經理。[1] 他一開始負責監督建立和部署新功能，讓賣家更方便使用蝦皮平臺刊登和推廣他們的商品。他的下一個產品管理任務是通知服務，例如電子郵件、平臺內聊天、外部社群媒體聊天，以及監督蝦皮在買賣雙方於購買前、購買中、購買後的整個溝通生命週期，改善所有發送通知的方式。同時是負責強化所有聊天通訊功能的產品經理。

蝦皮主要有三個團隊直接參與創造並帶來營收。商家團隊（business owner teams）負責成長，重點是在蝦皮所有市場裡，不斷提高營收、市占、獲利能力、用戶人數和其他關鍵的業務指標。他們負責業務策略和整體業務的成果。技術團隊（engineering teams）有多個不同的資料科學和 AI 團隊，打造工具和模型，為蝦皮內部進行廣泛分析以及為 AI 工作提供支持，以便為買家和賣家設計新產品、改進產品功能並支援營運和管理。技術團隊裡有一些團隊，著重於資料工程與支援所有資訊科技基礎設施。

產品管理團隊（product management teams）運作於商家團隊與技術團隊之間，扮演它們的橋梁。

陳和其團隊會根據他們的通知服務，以及所有其他聊天服務組合裡買家和賣家提供的具體特徵、功能、使用者體驗和效能，進行產品管理決策。他們要確保產品和服務具有經濟可行性，確定產品何時準備好可以從開發模式、邁向持續的支援和改善；並做出決策以平衡客戶和業務不斷變化的需求，以及持續開發或額外改善的所需成本。

誠如陳所強調：「我和我的產品管理團隊是協調者、合作者和整合者。我們和技術團隊、當地國家團隊、業務團隊以及內部支援團隊合作，有時也和客戶或其他外部合作。我們要確保負責的新服務產品或平臺功能，實現必要的一致性、協調性和跨功能協作。我們透過開發、試點部署、多國推出和拓展，來實現這個目標。」

他還負責根據技術團隊的資料評估，試點和現場試驗的使用者數據，以及實際性能的結果與業務目標，來評估產品開發的進度。並負責監督產品每周和每月的定期審查會議，參加會議者包括商家團隊、相關產品的管理團隊、資料科學和 AI 團隊，以及其他技術團隊。他協調並推動決策，確定任務裡的新 AI 開發工作，做到什麼程度才算「夠好」，可達封閉測試的試點部署階段；模型性能什麼時候改善到足以在第一個國家全面生產使用；以及什麼時候可以把模型擴大使用到其他多個國家。

陳表示，身為產品經理，他和資料科學與 AI 團隊的合作尤其密切，他們會一起開發、測試和部署 AI 分析模型。事實上，蝦皮所做的一切，都是透過分析和 AI 達成的。他在資料科學團隊裡的主要窗口，是資料科學產品經理，該經理在 AI 的方法、實施與業務問題上，擁有專業知識。公司把他安插在資料科學團隊，並且向蝦皮產品管理組織報告。

資料科學產品經理的關鍵任務

2019 年克里斯‧陳加入蝦皮幾個月後，阿爾伯特‧何（Albert Ho）也加入了新加坡的蝦皮。他之前曾在中國最大的電子商務平臺 AI 實驗室工作。何解釋：「身為資料科學產品經理，我有能力理解 AI 演算法的技術細節，並且了解蝦皮嘗試打造以客戶為中心的所有應用程式裡，應何時以及如何應用這些演算法的業務考量。」他詳細說明：「資料科學的產品經理，和一般業務的產品經理合作，支援端到端（end-to-end）的產品開發工作，但我們有更多技術能量了解和指導資料科學相關的功能。我們更了解演算法的本質及其功能。」

何觀察到，融入資料科學團隊的一個優勢是：「公司裡沒有其他團隊能像我們一樣，可以觀察所有蝦皮用戶的行為，並了解他們的個人資料。雖然，企業主團隊和產品管理團隊有自己的資料分析師，可以匯總內部和客戶資料，但他們在複雜性、規模、粒度（granularity）和速度上，可能無法做到像我們資料科學團隊這樣。」自從加入蝦皮以來，他表示：「我一直提倡資料科學團隊，確認我們的 AI 能力可以為業務帶來什麼貢獻，發揮更積極的作用。我們也已經開始向產品管理和業務團隊提出新想法。」他指出，「我們已經開始提出這類產品功能的要求，但業務部門沒有提出這些要求，因為他們對我們的 AI 能力缺乏深入了解。」

蝦皮產品經理職務的未來

在預測自己的工作職務將如何隨著時間變化時，陳反思：「即使是像我這種以業務為中心的產品經理，也需要更了解資料科學的能力，要知道預測模型和推薦演算法可以做什麼，以及不能做什麼。我們要做的，不只是根據資料科學團隊告訴我們的資訊來了解模型準確度，並將它

和我們的關鍵績效指標（KPI）的準確度進行比較」。他指出：

　　到目前為止，在蝦皮平臺上決定並推動產品需求與確認所需功能的決策者，是企業主團隊和產品經理團隊。然後，我們將這些需求交給資料科學團隊，他們運用可用的資料建構模型，滿足這些業務需求。未來，我預計我們的資料科學團隊，將提供更多業務和產品功能的建議。資料科學團隊可以看到我們所有資料裡的模式和趨勢，因此能夠提出企業主和產品經理團隊可能沒想到的業務和產品建議。

　　何同意這個看法。他補充說明：「我們所有產品經理，最後都應該是以資料科學為導向的產品經理。未來的產品經理，應該更了解 AI 的方法，知道 AI 可以做什麼，以及想要做到這些事會牽涉到什麼。」何繼續解釋說：「我們已經擺脫傳統模式，也就是只有由上而下，從企業主到產品管理，再到資料科學和技術的產品和功能需求流程。我們同時正朝著由下而上的流程邁進，資料科學團隊根據他們對 AI 能力的了解，提出產品和功能的建議，並向上級提出這些建議，以供審查。」為了提高由

上而下、由下而上流程的產品和功能需求的品質，何說：
「我們需要進入教育心態階段，讓蝦皮裡的每個人，而
不只是資料科學團隊，都有豐富的概念知道 AI 可以做什
麼，以及如何在我們的電子商務平臺環境裡使用它。」

陳已經看到一些方法，可以利用現有和嶄新的 AI 能
力，將公司目前產品經理工作的某些特定任務加以自動
化。例如他指出，他和團隊為了遵循蝦皮內部或特定國家
的相關法律、規則和程序，所做的檢查和確認工作，未來
是否可以自動化。隨著公司不斷改進內部資料管理與技術
平臺的基礎設施，從不同國家團隊和產品線蒐集資料的過
程，將變得更容易和自動化。隨著機器學習的方法不斷改
善，開發新方法所需要用來標記資料的人力會更少，選擇
演算法和訓練模型的工作會大大簡化。

但陳預測，未來幾年內，蝦皮仍需要人類產品經理，
原因如下：

1. **產品經理要協調利害關係人**。當我們啟動一個專案
   打造新產品和服務，或者改進現有產品時，最具
   挑戰的地方在於，公司內部各種企業主團隊、技術
   和工程團隊，以及各國特定的支援人員之間，要達
   成一致和整合。在此同時，參與我們業務和產品生

態系統的外部買家、賣家和供應鏈夥伴之間，也要達成一致。想確保這些利害關係人之間保持協調，需要不斷地進行複雜的交涉。在可預見的未來，實現這個目標所需的決策和承諾管理任務，將由人們負責。

2. **產品經理要為資料科學團隊，提供其工作上所需支援和回饋**。就任何一個新產品或服務的專案來說，它需要的蝦皮內部資料，分布在多個國家團隊和企業主之間。此外，我們可能需要公司其他部門支援，例如客服部可能要協助標記資料，並測試和評估資料科學模型的結果，以確認預測或推薦模型是否好用到足以試點，或更大規模的採用。人們必須管理和協調這些支援任務，資料科學團隊才能完成工作。我們不希望資料科學家，把他們寶貴的時間花在這類問題上。

3. **產品經理必須管理評估和選擇，有關試點和拓展的新 AI 產品**。談到要在哪裡和如何試點新產品時，必須針對目標國家和客戶提出許多戰略和實際的選擇，而且必須得到批准才能繼續進行這些選擇。須

根據現場試驗，以及後來大規模部署工作的速度、
規模和性質，做出許多業務上的權衡決策。這類業
務權衡決策，有一部分可以量化、建模和自動化，
但重要的決策需要全面且高度脈絡化的評估和判
斷，這些評估和判斷必須和公司快速發展的業務
策略保持一致，而且我們的核心企業價值無法自
動化。

4. **產品經理要促進公司內部和外部所有利害關係人之
間的溝通**。所有利害關係人，都希望別人能用他
們自己能夠輕鬆了解的商業術語，來了解 AI 演算
法背後的邏輯，而不是把 AI 當成神奇的黑盒子。
對蝦皮內部和外部利害關係人，解釋我們的 AI 產
品功能，如何能夠以他們容易理解和信任的方式運
作，是以人為中心又耗時的過程。

陳和何都預期，更多牽涉 AI 系統的產品開發、強化
和部署工作，只會讓他們更需要產品經理以及他們的團隊
支援。

我們從這個案例學到的課題

- 在確保資料和完成並推出 AI 產品上，產品經理的角色愈來愈重要。
- 在資料驅動、以數位為中心的業務裡，所有產品經理都要熟悉 AI 功能。
- 在資料科學團隊裡，經過 AI 訓練的新一代產品經理，他們提出的產品功能建議，能夠超越其他業務團隊無法意識到的可行程度。
- 由於各種業務、技術和客戶利益相關者之間，需要動態和多方面的調校、談判、決策和解釋，因此 AI 產品經理的角色，有許多方面都無法由 AI 自動化處理。

6

港灣人壽和美國萬通保險

引進數位人壽保險核保人

　　克里斯汀‧博諾帕內（Kristen Buonopane）熱愛「數位生命核保人」這份工作，儘管她和她認識的其他核保人，在職涯初期都沒有想過要做這份工作。十四年前她從大學畢業後，就一直擔任核保人。十多年來，她一直是傳統的核保人，審查紙本的人壽保險申請書。在過去兩年半裡，她開始擔任數位保險核保人。

　　她之所以會做這份工作，是因為她的雇主美國萬通人壽保險公司（Massachusetts Mutual Life Insurance Company 或 MassMutual，簡稱美國萬通），收購了一家港灣人壽（Haven Life）的新業務部門。

港灣人壽的數位核保人

　　港灣人壽是一家「內部新創公司」，提供由美國萬通保險公司簽發的定期人壽保險單。這家新創公司只有四年歷史，而其母公司和所有者美國萬通保險，則已有近一百七十年的歷史。創辦數位核保機構的目的，是建立端到端的解決方案，讓人們更方便購買定期人壽保險。這家在紐約市營運的新創公司，很大程度上是自主運作。該公司擁有近兩百五十名團隊成員，致力於創造新技術、產品和配銷通路，但會在產品開發、資料科學和承保標準上，向美國萬通保險尋求協助。

　　核保人的重要職務是評估保險申請書。在博諾帕內的例子裡，指的是定期人壽保險。它們會決定是否接受潛在客戶的投保申請；如果同意，根據該客戶的風險等級，又應收取多少保費。這種生意是針對不確定的未來結果下賭注。一般來說，如果申請人身體健康且壽命長，他們就更有可能接受這些人成為要保人，並收取較低的保費。一般來說，在博諾帕內與港灣人壽團隊一起工作的情況下，精算師會針對不同等級的壽命風險，制定決策規則和保費水準，然後核保人再把這些規則套用在特定的客戶身上。核保人會查看特定申請人的狀況，了解對方目前和過去可

知的事實，並根據人口平均值考慮精算輸入。即使有了這些可用的資訊，核保人也必須針對申請人可能的健康和壽命，進行高風險的商業評估。

然而，即使在不久之前，審查潛在客戶的申請書並決定核保的整個過程，其實並不容易。博諾帕內和她的同事必須仔細閱讀潛在客戶的整份紙本申請書，嘗試看出裡面的主要事實和風險，並記住或查詢相關的承保規則。在醫療核保的情況下，所有潛在客戶都要接受輔助醫療檢查員的家訪，進行抽血和身體檢查。對客戶來說，這個過程既耗時又不方便，對保險公司來說則昂貴又容易出錯。

比人類更可靠的風險標註功能

然而現在，博諾帕內和同事都使用數位和 AI 系統工作，因此只需要注意非常必要的地方。港灣人壽風險解決方案團隊，和萬通保險合作開發了一個平臺，該平臺使用規則引擎和機器學習模型，即時分析應用程式和第三方資料。現在，它可以幫助萬通保險決定許多核保決策，而核保人不用涉足其中，在某些情況下潛在客戶甚至無需體檢。最近，免體檢出現新進展，其內部稱之為

LiteTouch，整合了人工核保員對申請的審核，處理因次要數據點而導致申請人可能需體檢的情況。透過這項強化功能，需要體檢才能收到承保決策的客戶減少了 21％。對於其他仍需體檢的客戶，第二個機器學習平臺，能夠審查體檢結果和申請人資料，以確認最後的決定和費率。該模型由萬通保險建立，由港灣人壽使用，是根據超過二十年的資料，以及百萬份人壽保險申請書而來。LiteTouch 計劃的產品負責人拉姆・巴列斯特羅斯（Ram Ballesteros）表示，在港灣人壽銷售的保單裡，有一半根本不需要核保人審查。

即使有些申請書仍需要博諾帕內審查時，整個過程通常會變得容易許多，雖然有時候實際做決定時會更加困難。她說，港灣人壽的「平臺」非常細緻且直觀，她不再需要理順整份包含一百多個各別數據點的申請書，因為規則和演算法可以處理這些問題。相反地，系統會標記風險問題供核保人審查，這就是她在工作流程裡需要解決的所有問題。標記的數據點通常和申請人服用的特定處方藥，或者病歷裡某些內容等問題有關。如果需要更多背景資訊，她還可以審查整份申請保單。

然而在某些情況下，做決定其實變得更困難了，她現在只會看到更複雜的風險問題，因為簡單的問題系統會自

動處理。博諾帕內說，雖然決策可能更困難，但把注意力放在複雜的案件讓她更有成就感，因為這種案子需要更多的知識和經驗。

更專注處理複雜與陌生問題

她還指出，該系統設計用來動態過濾所有申請人的數據，只呈現需要評估的風險。當她在每種風險間切換時，只會看到和做決策最相關的元素。最後，系統讓她可以更有效率地評估更複雜的案例。

她需要處理的一種典型問題，和客戶服用特定處方的原因有關。例如，藥物安坦息吐（Ondansetron）有助於預防化療或手術後的噁心和嘔吐，也常用於懷孕的女性。如果客戶的處方紀錄包含該藥物，博諾帕內必須確定醫生開立該藥物的原因。如果申請人是女性，在服藥後不久生了小孩，她會認為服藥的原因是懷孕。但如果是腫瘤科醫生開出這個藥，她就會推定申請人接受過癌症化療。

像這種有處方史的具體和常見例子，就是為什麼LiteTouch 計劃，能夠如此有效地免去部分客戶做體檢的必要。在讓客戶進行可能非必要的檢查之前，博諾帕內就

可以先清理該數據點。

博諾帕內和巴列斯特羅斯都表示，AI 核保決策系統正在不斷發展，能在無需人工審核的情況下，處理愈來愈多的申請案件。例如，我們問博諾帕內，她認為系統最後能否確定申請人服用安坦息吐的原因。「可能，」她說，「但我認為複雜的案件還是需要人工審查。人類核保人可以做到機器沒有的全面觀點。」

博諾帕內在大學沒有接受過任何電腦資訊系統的正式訓練。主修商科的她表示，開始從事承保工作時，AI「根本不是我關心的對象」。但她表示，現在很明顯，AI 和數位流程是核保的發展方向。有些核保人不喜歡這種變化，但她認為自己之所以成為成功的數位人壽核保人，是因為她一直很樂意嘗試新事物和學習新技術。「我們能做得更好更快嗎？」這是核保人和港灣人壽風險解決方案團隊一直在問的問題。他們每週會舉行一次線上會議，討論系統和流程改進。「如果你有數位思維，那就沒問題。」博諾帕內說。

她也表示，傳統上核保是個有點孤立的工作，但現在情況不太一樣了。「我一直在家工作，」她說，「以前只有我一個人整理幾個支離破碎的數據庫，並把我的決定或問題轉交給經紀人或代理人。」然而現在，如果潛

在客戶的申請書有問題或需要釋疑，她可以用電子郵件直接聯繫潛在客戶。她每週也和巴列斯特羅斯、開發人員、工程師和其他核保人合作討論。「對我來說，能夠協助打造這個平臺，無論是職業或個人都非常有價值，」她評論，「我可以把對要保人的個人服務納入工作之中。」她嘗試和客戶進行個人化溝通，用同理心讓客戶覺得自己不只是統計上的數字。「AI 系統很難做到這一點，」她說。

人壽核保人的未來

面對壽險承保的未來，博諾帕內確實憂心產業裡尚未解決的一個問題。比起新手核保人，產業需要經驗豐富的核保人，才能和數位化與 AI 合作，因為不太複雜的工作都已經自動化。她評論表示：「如果我們不需要那麼多新手核保人，我不確定將來該去哪裡找到核保專家。對我們這個產業來說，這是一個長期挑戰。」

博諾帕內在結束我們的討論時說：「不會有人說『我想成為核保人。』不是所有人都適合這份工作，你要麼喜歡它，要麼不喜歡。但我很喜歡分析風險，也喜歡運

用自己的批判性思考能力。我很幸運能在這個職位工作，承保工作對我來說非常值得。」

我們從這個案例學到的課題

- 如今人類需要做更難的決策，因為他們只要處理 AI 系統無法處理的複雜情況。員工通常會覺得，專注於複雜的案例讓他們更有成就感，因為更能發揮他們的知識和經驗。
- 使用 AI 系統的員工，更能和內部平臺的開發團隊和客戶合作，這對他們來說更有價值。
- 工作正在迅速發生變化，採用「數位思維」，也就是願意持續嘗試新技術和學習新技能，有助於人們適應變化。

7

雷帝斯金融集團
智慧抵押流程

　　1999 年，兩位住宅抵押貸款業的資深專家莎拉·瓦倫蒂尼（Sarah Valentini）和基思·波拉斯基（Keith Polaski），共同創辦了雷帝斯金融集團（Radius Financial Group）。瓦倫蒂尼主要負責行銷和銷售貸款，波拉斯基則以營運為主。雷帝斯的總部位於美國麻州波士頓南方的諾威爾市（Norwell），一開始為麻州的居民提供服務，但由於發展迅速，目前據點已經拓展到美國 19 個州，主要集中在東岸。它的業務還擴展到房地產銷售和傷亡保險方面。

　　在 2021 年中，雷帝斯雇用了約兩百名員工，並在 COVID-19 流行期間繼續增加雇用人數。和美國抵押貸款銀行協會（Mortgage Bankers Association）的平均水準相

比，並根據規模加以調整後，雷帝斯貸款帶來的收入，比業內其他公司高出約 30％，淨利也比同行平均水準高出約 50％。這個業績是靠創新、智慧技術、高能力和積極的員工，一起打造出來的。

雷帝斯將抵押貸款（或是波拉斯基所說的「製造貸款」）許多部分都自動化了，並使用技術密切監控其流程和人員績效。不過，自動化和監控並沒有降低工作品質。雷帝斯被美國《抵押貸款新聞》（*National Mortgage News*）評為 2021 年「最適合工作的抵押貸款公司」之一，並於 2017 年、2018 年和 2019 年，被《波士頓環球報》（*Boston Globe*）評為「最佳工作場所」之一。

雷帝斯的 AI 與自動化

基思・波拉斯基和技術長大衛・歐康納（David O'Connor）想要改善抵押貸款的業務，因此在 2016 年開始研究 AI 和自動化。該公司已經安裝了供應商的貸款發起系統（loan origination system, LOS）和客戶關係管理系統，以追蹤潛在客戶和客戶。但這兩位高階主管認為，他們可以採取更多措施，讓貸款製造流程自動化。他們的

整體目標是——讓雷帝斯員工盡可能不用處理客戶的申請書，因為在**抵押貸款發起等結構化流程裡，人力既昂貴又費時**。

他們在找的技術，主要是兩種不同的方法。一種是使用機器人流程自動化（robotic process automation, RPA），將抵押貸款流程從一個任務轉移到另一個任務，並執行諸如自動撰寫電子郵件給抵押貸款的各方等活動。針對這種途徑，雷帝斯最後選擇 UiPath 為其供應商。

另一種是用 AI 從抵押貸款文件中抽取重要資訊。雷帝斯在波士頓北部找到了一家叫 AI Foundry 的公司，該公司正在處理雷帝斯希望解決的抵押貸款處理問題。AI Foundry 使用影像偵測技術，從高達兩百種不同類型的表單，甚至是更多變化的表單裡，辨識、分類和抽取許多關鍵資料元素。例如，銀行會用很多方法呈現它的報表。

雷帝斯在 2018 年 6 月和 AI Foundry 合作，成為 AI Foundry 第一個抵押貸款銀行客戶。波拉斯基表示，一開始 AI Foundry 的工具需要很多設定，而且只能處理一百種左右的不同表單。但隨著時間過去，這個數字不斷增加。

如今，它已經非常適合雷帝斯的需求，而且比雷帝斯找到的其他供應商更適合。AI Foundry 的軟體也可以處理一些抵押貸款承銷任務，但雷帝斯只用到其中一部分功

能。雷帝斯有自己的承保標準，利用美國政府貸款購買者房利美（Fannie Mae）和房地美（Freddie Mac）提供的工具，並很自豪它們在處理客戶財務狀況方面非常靈活。

AI 前輩支援，
大幅提升新進員工的即戰力

雷帝斯的營運經理湯姆‧布倫南（Tom Brennan）表示，當他 2016 年來到公司時，人們還拿著紙本申請文件在辦公室裡走來走去。現在，他說：「AI Foundry 能夠辨識我們收到的 94％ 文件，如今幾乎都用電子的方式傳送文件。AI 系統可以和機器人流程自動化互動，機器人流程自動化可以和貸款發起系統對話，諸如此類。這是個複雜的系統，但幾乎每一項關鍵工作，我們的員工都可以提供線上協助，讓新員工更快上手。他們不用緊緊跟著現在的員工才能學會如何使用，這在疫情期間非常有幫助。」

波拉斯基相信，AI 的方法已經取得成效。他有兩個最大的工作小組，是貸款處理專員／分析師和貸款經紀人助理。根據他們的任務數據顯示，幾年前他們上班時有

30％到 35％的時間，都花在索引和分類文件上。投資 AI 系統兩年後，他們知道節省了多少工時。總體而言，他們已經把發起貸款的成本降低了 70％。

波拉斯基和他的管理團隊，將 AI 和機器人流程自動化功能稱為「數位勞動力」。它與人工勞動力攜手合作，定位為專門處理瑣碎的任務。員工並不擔心失業，而且雷帝斯正在擴大和招募人才，他們經常讓流程自動化機器人執行新任務。AI 和自動化，也幫助雷帝斯度過疫情。波拉斯基評論：「過去一年，我們的營收成長 2.5 倍。透過我們的流程、技術和員工出色的表現，我們已完成計劃的161％，但處理這一切的全職人力工時數，比一年前更少。疫情期間真的很難招募到新人，但自動化讓我們有彈性拓展業務。」

抵押貸款的最佳守門員

湯姆・布倫南評論，貸款發起過程裡的「四分衛」工作，是抵押貸款核貸員，他們協調過程中的所有步驟。帕維爾斯・丹尼洛夫（Pavels Danilov）是核貸經理，他最近也親自處理過這些工作。他在雷帝斯工作大約六年時間，

非常了解實施自動化前後的抵押流程。

雷帝斯在研究 AI 和自動化的同時，開始規劃處理抵押貸款牽涉的工作流程。我們的想法是，如果要讓流程有效率且自動化，每個人都要用相同的方式執行相同的任務。丹尼洛夫負責規劃工作流程，先在白板上規劃，然後設計進軟體裡。

現在的工作流程和工作輔助工具，都放在網路上供員工查看和學習，而且許多工作流程都嵌入在機器人流程自動化的系統中。

除了 AI Foundry 軟體的文件辨識外，流程自動化機器人還接手了許多雜項任務。例如，以前當工作人員收到文件時，必須安排鑑價、與結案律師一起進行產權審查、洪水區域證明等。現在，這些安排都是由流程自動化機器人發起，它能夠撰寫電子郵件，並在電子郵件送達時引導到文件夾。

丹尼洛夫表示，自動化十分有助於其核貸員的生產力。幾年前，他們的核貸員在處理三十筆待處理貸款時，會覺得喘不過氣來。現在，經驗豐富的核貸員可以輕鬆處理四十五筆到五十筆貸款，卻不會覺得應接不暇。現在，由於有 COVID-19 相關的額外風險措施，抵押貸款的規定變得更難處理。

丹尼洛夫認為，「數位勞動力」需要像人類勞動力一樣妥善管理。他說，AI 系統有時候會把文件標記成未知，員工必須加以查看並手動重新標記。以前很常發生這種情況，但現在很少見了。雷帝斯也不斷調校工作流程，當工作流程改變，便需要重寫機器人的程式。每當與機器人互動的系統（例如 LOS）釋出新版本時，它們也必須重寫程式。丹尼洛夫本人不用親自重寫程式，他會向雷帝斯的軟體開發團隊負責人卡珊德拉・皮薩羅（Cassandra Pizarro）尋求協助，丹尼洛夫稱她為「機器人之母」。

　　丹尼洛夫表示，總體而言，自動化讓抵押貸款核貸員的工作變得更容易。排序文件不是很有趣的工作，而現在核貸員有更多時間可以和客戶互動，通常是請客戶提供更多資訊。他們通常用電子郵件和客戶溝通，所以仍然是手動的，但系統會寫好標準的電子郵件，供核貸員自行客製化。他說即使如此，效率仍是提升很多。

　　丹尼洛夫也提出他對衡量這項工作的看法。他說，在上班日的任何時間裡，公司都會持續衡量每位核貸員的工作情況。每個核貸員都有自己的線上儀表板，報告這個人的績效。身為核貸經理，丹尼洛夫有每一位核貸員工作表現的績效指標。每項任務都有標準，儀表板可以讓核貸員知道，他們是否按照標準工作。「如果你低於標準，工

作壓力確實會上升，但這也是一種動力，」他說。

　　總的來說，丹尼洛夫總結：「人們都很喜歡在雷帝斯工作。昨天我們剛舉辦大會，雖然是虛擬會議，可是大家士氣高昂。我們問幾個人：『你為什麼喜歡雷帝斯？』大多數人說因為這裡工作的同事。但一位核貸員確實提到，他喜歡雷帝斯是因為這裡的技術和自動化。」雖然，數位勞動力可能不如人類勞動力那麼有感情，但它確實是該公司取得成功的重要因素。

我們從這個案例學到的課題

- 當工作環境因流行病等不可預見的外部因素，而必須迅速變化時，數位化工作流程——包含針對關鍵任務進行的線上工作輔導——將有很大助益。
- 數位化工作流程，可以完整又清楚地呈現流程和員工個人績效。當員工清楚地看到個人和團隊績效指標，有助於他們提高績效。
- 廣泛監控績效不必然會降低工作品質。密集使用 AI、流程自動化和績效監控，可以讓高水準的工作滿意度，與良好的員工士氣並存。

8

星展銀行
以 AI 監控交易

美國自 1970 年通過《銀行保密法》（Bank Secrecy Act）——也稱為《現金與對外交易報告法》（The Currency and Foreign Transactions Reporting Act）——以來，世界各地的政府也都會要求銀行負起責任，防止洗錢、大量可疑資金跨境流動，以及其他類型的金融犯罪。星展銀行（DBS Bank）是新加坡和東南亞最大的銀行，長期以來一直致力於洗錢防制（AML）以及偵查和預防金融犯罪。星展銀行合規主管（executive for compliance）表示：「我們希望確保銀行內部有嚴格的內控機制，這樣一來，犯罪、洗錢分子和企圖逃避制裁的人，就不會透過我們的銀行、國家系統或國際的方式，滲透到金融系統中。」

以規則為主的監控系統及其限制

　　星展銀行和其他大型銀行一樣，致力於處理所謂「交易監控」等問題。多年來，該公司一直運用 AI 處理這類工作。這個部門的人員，會評估以規則為主的系統所觸發的警報。

　　這些規則會評估銀行內許多不同系統的交易資料，包括消費者、財富管理、企業銀行及其往來支付。這些交易都會透過以規則為主的系統進行篩選，規則會把符合與銀行進行可疑交易的個人或實體狀況標記出來，這些交易涉及潛在的洗錢活動或其他類型的金融詐欺。過去人們稱以規則為主系統是「專家系統」（expert systems），這是歷史最悠久的 AI 之一，這種系統目前仍廣泛應用於銀行、保險以及其他產業。

　　在星展銀行和全球大多數其他銀行裡，這類以規則為主的金融交易監控系統，每天都會發出大量警報。這種監控系統的主要缺點，是它發出的大多數警報——高達98%——都是誤報。如果一筆交易在某些環節觸發一條規則，系統就會把該交易標記在警報清單上。然而，經過人工分析師的追蹤調查，通常會發現示警的交易其實並無可疑之處。

所以，交易監控分析師必須追蹤每個警報，查看所有相關的交易資訊。他們還必須了解參與該交易的交易者狀況，包括他們過去的財務行為、他們在「認識你的客戶」（know your customer）和客戶盡職調查（due diligence）文件裡聲明的所有內容，以及銀行所知一切和他們有關的資訊。追蹤警報是非常耗時的過程。

如果分析師確認某筆交易確實可疑或證實是詐欺，則銀行有法律義務向有關當局發布可疑活動報告（Suspicious Activity Report, SAR）。這是高風險的決定，因此分析師必須做出正確決定。如果他們的決策失誤，銀行可能誤報守法的銀行客戶，導致政府當局調查他們是否進行金融犯罪。另一方面，如果分析師沒有發現並舉報真正的「壞蛋」，可能導致洗錢和其他金融犯罪相關的問題。

至少到目前為止，銀行仍必須使用以規則為主的系統，因為大多數國家的國家監管機構仍然要求它們使用。但星展銀行的高層意識到，還可以使用許多其他內部和外部的資訊來源。

如果運用得當，他們就可以應用這些資訊自動評估以規則為主系統裡的每個警報。他們可以用機器學習完成這件事。和以規則為主的系統相比，機器學習可以處理更複雜的模式，並有更準確的預測。

新一代 AI 能力強化監控

　　幾年前，星展銀行啟動了一個專案，將新一代 AI ／機器學習功能，結合現有以規則為主的篩選系統。這樣的搭配讓銀行能夠根據數值，計算出某件事的可疑機率，依此對以規則為主的系統產生的所有警報進行優先排序。經過訓練的機器學習系統，可以從近期和歷史資料與結果裡，辨識出可疑和詐欺情況。

　　我們採訪時，以機器學習運作的新篩選系統，已經在該銀行使用了一年多。這個篩選系統會審查以規則為主系統發出的所有警報，並給予每個警報風險分數，再將每個警報分類為高風險、中風險和低風險。這種針對規則系統發出的警報所做的「事後處理」，讓分析師能夠辨認哪些警報需要立即優先處理（屬於較高和中等風險類型的警報），哪些警報可以稍後處理（屬於最低風險類型的警報）。這個機器學習系統有個重要功能：它有一個解釋器，可以告訴分析師哪些證據，讓風險分數自動評分系統認為該交易可疑。AI ／機器學習模型提供的解釋和引導，有助分析師做出正確的風險決策。

　　星展銀行還開發出其他新功能，協助調查被示警的交易，包括用來檢測多方可疑關係和交易網絡連結分析

（Network Link Analytics）的系統。金融交易可以用一張網絡圖表達，其中個人或帳戶是網絡中的節點，一切互動則是節點之間的連結。這種關係網絡圖，可以用來辨識和進一步評估可疑資金的流入和流出模式。

同時，星展銀行運用新平臺取代勞力密集的調查工作流程，該平臺為分析師將大部分和監控相關的調查與案件管理支援工作，加以自動化。該平臺稱為 CRUISE，結合了以規則為主的引擎、機器學習的篩選器模型，以及網絡連結分析系統這三部分的輸出。

此外，CRUISE 系統為分析師提供方便且整合的途徑，讓他們能夠取得整個銀行內部的相關資料，以追蹤他們正在調查的交易。在 CRUISE 環境裡，銀行也會記錄分析師處理案子的所有相關回饋，這些回饋有助於進一步改善星展銀行的系統和流程。

對分析師的影響

當然，這些發展大大提高了分析師審查警報的效率。幾年前，星展銀行交易監控分析師，花兩個小時或更多時間研究警報的情況並不罕見。這些時間包括分析前的準

備，也就是從多個系統取得資料，並手動整理過去相關的交易。還有實際分析時間，也就是評估證據、尋找模式，及最後判斷警報看起來是否真的為可疑交易。

在實施包括 CRUISE、網絡連結分析，以機器學習為主的篩選模型等多種工具後，分析師能夠在一樣的時間內，多解決大約三分之一的案子。此外，運用這些工具辨識出來的高風險案子，讓星展銀行能夠比以前更快抓到「壞蛋」。

在評論這種做法和傳統監控方法有哪些不同時，星展銀行交易監控主任分享了以下內容：

今日，在星展銀行，我們的機器能夠從整個銀行的各個來源蒐集必要的支援資料，並將資料呈現在分析師的螢幕上。現在，分析師可以輕鬆查看每個警報的相關資訊並做出正確決策，無需搜尋六十個不同系統取得支援資料。現在，機器為分析師完成這項工作的速度，比人類快得多。它讓分析師的工作變得更輕鬆，決策也更明智。

過去，由於實務上的限制，交易監控分析師只能蒐集和使用銀行內與審查警報相關的一小部分資料。如今在星展銀行，有了新工具和新流程，分析師能夠根據即

時且自動取得的銀行內所有相關交易資料，進行決策。他們在螢幕上看到的這些資料，以簡潔方式有條理地組織起來，同時顯示風險評分，並有解釋器協助引導他們了解，模型為什麼發出這種結果的證據。

星展銀行對於參與打造和使用這些新監控系統的員工，投入了一套稱為「提升」（uplift）的技能。因這套技能而受益的員工，包括交易監控分析師，他們擁有偵查金融犯罪的專業知識，並接受了使用新技術平臺和相關資料分析的技術訓練。這些團隊協助設計新系統，從前端工作開始辨識風險類型。他們還會回饋確認哪些資料最有幫助，以及哪些自動化資料分析和機器學習功能，對他們最有幫助。

當人們問到這些系統將來如何影響人類交易分析師時，星展銀行合規主管表示：

效率一直都很重要，我們必須不斷追求更高的效率。我們希望用更少的人力，處理目前和將來監控工作中和交易有關的部分，然後把因此釋放出的人力，重新投入到監控和預防詐欺的新領域。世界上永遠都會有我們不知道且新穎的金融犯罪行為和不良分子，我們需要

在這類領域投入更多時間和人力。我們將在能力所及的範圍內，繼續投資在我們更標準的交易監控所帶來的效益上，藉此達到這一點。

下一個階段的交易監控

該銀行的整體期待，是希望交易監控變得更整合和主動。公司高層希望利用多層面的綜合風險監控，從「交易到帳戶、客戶、網絡到宏觀」等各個層面，進行全面監控，而不是只依賴以規則為主的引擎所發出的警報。這種整合將幫助銀行更有效和更有效率地揪出更多壞蛋。合規主管詳細說明這個部分：

要記得，洗錢和逃避制裁者總是在找新方法。員工需要利用我們的技術和資料分析能力，應對這些新興的威脅。我們希望讓員工能夠從繁瑣的手動警報審查工作裡解放出來，再利用這些多出來的時間跟上新興威脅的腳步。

雖然，人類分析師使用時間和專業知識的方式會不斷改變，但他們仍將在反洗錢交易監控中發揮重要作用。

這位合規主管也分享自己對 AI 的看法：「實際上這是擴增智慧（augmented intelligence），而不是風險監控裡的自動化 AI。**我們認為人類仍必須參與最後的決策**，因為在洗錢和其他金融犯罪的環境裡，我們評估一件事可疑或不可疑，始終存在主觀成分。我們無法排除這種主觀，但我們可以盡量減少人類分析師在審查和評估警報時的手動工作。」

我們從這個案例學到的課題

- 發出大量警報（大部分是誤報）的自動化系統，無法節省人力。
- 可以組合多種類型的 AI 技術，以提高系統功能。在這個案例裡，這些技術包含規則為主、機器學習和網絡連結分析。
- 即使 AI 系統大幅提高工作效率，企業也可能不會減少員工人數。相反地，員工可以把多出來的時間，用來處理更新、更有價值的任務。
- 在評估複雜的商業交易時，總會有主觀因素存在，因此評估過程中可能無法完全排除人類的判斷。

9

AI 診斷和治療紀錄編碼

讓人類真正發揮所長

　　醫學診斷和治療的編碼，一直都是很有挑戰性的工作，即使是比較簡單的病例，要把病患複雜的症狀以及醫生為處理症狀所做的治療，轉譯成清晰明確的分類編碼，難度也相當高。然而現今，醫院和健保公司需要非常詳細的資訊，以了解病患的病情和治療措施。這些資訊可以用在保存臨床紀錄、醫院的營運審查與規劃，還有也許最重要的用途是報銷款項。

　　醫療編碼（medical coding）的國際標準，是世界衛生組織（WHO）制定的《國際疾病分類》（*International Classification of Diseases*）第 11 版（ICD-11）。ICD-11 有超過五萬五千個診斷編碼，並針對特定國家實施的編碼系統進行許多「擴充」。

沒有人能記住疾病和治療的所有編碼。幾十年來，醫療編碼員一直仰賴查詢「編碼書」，以找到正確的編碼分類疾病或治療措施。翻閱編碼參考書顯然會讓這個過程變慢。這裡牽涉的不只是找到正確編碼問題，還有詮釋的問題。以 ICD-11 以及早期的分類版本來說，通常不會只有一種方法可以為診斷或治療編碼，而醫療編碼員必須選擇最合適的方法。醫療紀錄和支援文件，是醫生診斷評估和治療的「事實根據」來源，醫療編碼的任務是將這些實際資訊，反映在適當的分類編碼上。

　　在過去二十年裡，整個醫療保健產業逐漸採用電腦輔助編碼系統，以因應日益複雜的診斷和治療編碼。電腦輔助編碼系統的最新版本，已經結合了最先進的機器學習方法和其他 AI 技術，以強化系統分析臨床文件（包括圖表和注釋）的能力，並確認哪些編碼與個別病例相關。有些醫療編碼員正與 AI 電腦輔助編碼系統攜手合作，以確認和驗證正確的編碼。電腦系統可以輕鬆追蹤數以萬種的編碼。AI ——包括以規則為主的邏輯和以數據為主的機器學習——會建議如何為醫療紀錄裡的資訊，給予相關的診斷和治療編碼。人類編碼員更擅長詮釋臨床資訊的脈絡與含義，並檢驗系統推薦的編碼類別是否正確。

AI 輔助編碼，讓專業人員更能發揮專業

　　住在佛羅里達州的艾爾西琳‧莫斯利（Elcilene Moseley），是擁有十一年經驗的資深醫療編碼員。她之前在一家旗下有多家醫院的公司工作，但現在她任職於一家提供編碼服務的公司，這家公司和莫斯利曾經工作的醫院簽過合約。莫斯利在家工作，每天通常工作八小時處理一定數量的病患圖表。她專門從事門診治療，通常包括門診手術。

　　莫斯利深深體認到編碼愈來愈複雜，並且非常支持老闆開發的 AI 編碼系統。這個系統會建議如何編碼，並由她檢查編碼是否恰當。她說：「醫生的診斷內容變得非常詳細，例如右側、左側、骨折是否移位等，我不可能記住所有東西。」然而她也說：「但 AI 也就只能做到這麼多。」例如，系統可以處理圖表文件裡的文字，發現病患有充血性心臟衰竭的問題，並以這個疾病當作診斷和報銷的編碼。但這個診斷是病患過去的病史，而不是目前正在接受治療的疾病。「有時候，我會很訝異系統給的編碼如此精準，」她說，「但有時候又會完全無法理解，系統給的建議毫無道理可言。」

　　當莫斯利打開系統產生的圖表時，每個頁面左邊都有

編碼，還有箭頭指出圖表報告裡的編碼是從哪裡而來。有些編碼員懶得從頭到尾閱讀病患的圖表，但莫斯利認為仔細閱讀很重要。「也許我有點老派，」她承認，「但當我好好讀完時，編碼就會更準確。」她承認系統可以加快編碼速度，「**但系統也會讓你變得有點懶。**」

有些病例的編碼相對簡單，有些則比較複雜。「如果只是健康的人切除闌尾，」莫斯利說，「我可以在五分鐘內檢查完所有編碼。」即使只是一個簡單的手術，圖表上也有很多部分，包括體檢、麻醉、病理等。另一方面，她指出，「如果病例是 75 歲開刀的男性，他是腎臟病末期，同時還有糖尿病和癌症，我就必須記錄他的病史、正在服用的藥物，這些都要花更多時間。病史編碼很重要，因為如果病患有多個疾病診斷，就表示醫生要花更多時間。這些『評估和管理』編碼，對於醫生和醫院正確報銷費用非常重要。」

莫斯利和其他編碼員必須達到 95％正確率的編碼品質標準，而且他們每工作三個月就要接受一次稽核，確保品質符合標準。

幾年前，莫斯利第一次開始使用 AI 協助編碼時，擔心這樣做可能會害她失業。然而現在，她相信永遠不會發生這種情況，因為人類編碼員是不可或缺的。她指出，醫

療編碼非常複雜，有許多變數和特定狀況。由於這些複雜性，她認為醫療編碼永遠不會百分百自動化。實際上，她已經是編碼主管和稽核員，要檢查系統分配的編碼，並查核系統的建議是否適合特定狀況。在她看來，所有編碼員最後都會變成 AI 編碼系統的稽核員和監督者角色。AI 系統大大提高編碼員的效率，無法不使用它。

教育編碼員

莫斯利擁有兩年制的醫療帳務和編碼副學士學位。此外，她在一般醫療和專科領域（例如急救醫學），都擁有多項不同的編碼認證資格。她需要定期受訓和測驗，證照才會有效。

然而，並非所有編碼員都接受過這麼多訓練。莫斯利說，很多「馬馬虎虎」的學校，也有醫療編碼的線上課程。這些學校通常誇大其辭地表示，如果學生參加六個月的編碼課程，將得到高收入工作，年薪高達 10 萬美元。在家工作是這份工作吸引人的另一個原因。

但問題是，醫院和編碼服務公司需要經驗豐富的編碼員，而不是缺乏訓練的新手。現在，比較直接簡單的編碼

工作由 AI 判斷，而比較複雜的編碼則需要專家的判斷與稽核。莫斯利說，「菜鳥」可能拿得到證書，但如果沒有經驗還是很難找到工作。雇主需要提供很多在職訓練，才能讓新手上工。兩個醫學編碼專業協會都有 Facebook 專頁，供成員討論編碼領域的問題。莫斯利表示，新手不斷抱怨他們找不到學校當初承諾的入門工作。

然而，對莫斯利來說，醫療編碼是份好工作，尤其是在 AI 協助下更是如此。她覺得工作很有趣，報酬也相對較高。她還可以在家工作，無論白天或晚上任何時間都可以工作，有很高的靈活度。如果她不想繼續做目前的工作，她可以回信給常找她去做其他編碼工作的獵人頭公司。莫斯利認為，唯一會受 AI 衝擊的醫療編碼員，是新手和拒絕學習新技術以便和智慧機器合作者。

我們從這個案例學到的課題

- 有時候，AI 系統執行任務的能力非常準確，但有時候系統給的結果卻很不合理，因為系統不了解脈絡。因此，我們需要人類審查並監督系統輸出的結果。
- 有些 AI 應用程式，會讓入門的工作面臨風險，因為員

工必須有足夠的工作經驗才能審查系統的決策，並找出錯誤。

- 過去手動處理這類工作的人，如果拒絕學習如何使用智慧機器工作的新技術，就會面臨風險。

10

電通

公民開發者的機器人流程自動化

2019年年中，馬克斯‧切普拉索夫（Max Chepra-sov）突然靈光一現。切普拉索夫是廣告代理商網絡電通集團（Dentsu Group）的自動化長（罕見的頭銜），最近，公司成立了自動化卓越中心（Automation Center of Excellence, ACoE）。他想到自動化卓越中心將部署機器人流程自動化和其他知識型工作自動化的方法，致力改善公司重點業務單位裡業務流程的營運。他要求少數員工到電通各單位舉辦研討會和調查，確認哪些高頻率、勞力密集型的業務流程，具有高度結構化且適合進行大規模機器人流程自動化的特性。提供改善並將這些流程自動化，是自動化卓越中心的使命，以及讓先前獨立的電通集團業務部門，能夠在營運上更為一致。

但工作人員為切普拉索夫帶來壞消息。他們發現，這類大規模流程很少。電通和多數廣告公司以及知識密集的公司一樣，都不是以流程為導向的組織，也沒有在事業體之中界定什麼是大規模流程。自動化卓越中心可以在某些流程上發揮作用，但切普拉索夫不確定這樣做是否足以對電通產生顛覆性的影響。

然而，當團隊研究整個公司時，發現大量潛在專案屬於「有長尾的微任務」，這些任務目前由人們手動處理，而自動化卓越中心永遠無法處理這些任務。該中心沒有足夠的工作人員處理這些問題，現有的人都集中處理相對少數的大規模工作。切普拉索夫開始思考如何利用小型專案和大型專案。正如他所說：「我們需要弄清楚如何連接由上而下，以及由下而上的自動化機會。」

隨後，自動化卓越中心接受了第二項使命：招募並支援一組小型自動化解決方案的「公民開發者」（citizen developers，編按：會寫程式的非資訊部門員工）。他們的目標是把工具交給員工，消除官僚主義，並加速當下層級的創新。電通在機器人流程自動化計劃中的合作夥伴，是供應商 UiPath，這項以公民為主的計劃，與 UiPath 推出 StudioX 的時間一致。StudioX 是一款專為公民開發者設計的機器人流程自動化產品，可將小型且相對簡單的流程加

以自動化。切普拉索夫要求自動化卓越中心的自動化解決方案架構師凱特‧霍爾（Kate Hall），找出適合擔任公民開發者角色的員工，並向他們介紹機器人流程自動化和StudioX。

2020 年，自動化卓越中心開始尋找公民開發者志工，並訓練他們使用 StudioX。當年，五十位志願者主要在電通位於美國的媒體採購代理商凱絡（Carat）媒體受訓。與電通其他事業體相比，媒體業務的結構化和重複性任務更適合自動化。每位志工開發者都接受了一開始十二個小時的入門自我指導訓練，然後和 StudioX 工程師一起參加為期兩天的程式設計馬拉松（hackathon，又譯駭客松）。開發者在程式設計馬拉松期間打造了六十個解決方案，自動化約三千五百個小時的工作，這些工作通常是資訊密集的任務，例如統計廣告或內部報告。

隨後，許多開發者依照自己的進度上完額外的教學內容，進一步深入了解如何使用 StudioX 工具。他們開發的每個自動化解決方案，都會新增到雲端託管的 UIPath 自動化中心（UIPath Automation Hub），所有電通員工都可以使用該中心。

非技術員工擁抱公民開發

潔西卡・貝爾雷斯（Jessica Berresse）和艾莉卡・山德（Erica Shand）是凱絡媒體的員工，她們在第一輪受訓接受了公民自動化者的訓練，並被任命為公民自動化人員。霍爾建議她們，StudioX 可以協助提高她們支援的特定任務（例如搜尋和規劃）團隊，以及客戶團隊的生產力。兩人都對這個機會躍躍欲試。她們認為，和她們合作的團隊「花了數小時做無腦的任務」，並且說「這些非常聰明的人，浪費了很多時間做辦公室自動化機器人可以做的事」。機器人流程自動化的運作方式，是把來自多個資訊系統的資料加以自動化，而她們知道自己的團隊裡有很多這類例子。貝爾雷斯和山德都曾在凱絡媒體的營運部門工作，她們的營運思維、熟悉如何改善流程，以及懂得和別人溝通自己的工作任務，在在使她們非常適合成為電通早期的公民開發者。

山德請團隊描述一項瑣碎且耗時的任務，於是團隊提到一個任務，就是在 Google Ads（編按：Google 主要的廣告服務產品）尋找特定廣告活動的執行情況，然後下載、重新命名並儲存內容。這個任務每個月需要五個人，總共花費大約七十個小時完成。團隊描述了他們執行任務時具體

採取的步驟後，山德能夠在幾個小時內用 StudioX 設計出相同動作。現在，山德的解決方案，每個月只需要一個機器人，一天花約 35 分鐘執行即可完成。

貝爾雷斯在凱絡任職約七年，一開始擔任客戶策略和規劃工作。現在，她負責客戶營運，重點是尋找和建立跨部門的效率，以節省團隊時間和精力。她在擔任機器人流程自動化公民開發者的角色之前，主要利用進階的 Excel 函數協助提高效率。當她看到 StudioX 的功能時，「高興得跳了起來」。

她最喜歡的自動化任務例子，就是自己的任務。當她開始擔任營運職務時，公司要她做的其中一個工作是「監督時程表」。財務團隊負責報告時程的工作，但他們抱怨很多人沒有及時填寫時程表。他們要求營運團隊解決這個問題，貝爾雷斯每個月都要檢查遲到的時程報告，並對報告裡經常違反時程表的人寄送內容一模一樣的電子郵件。她可以快速建立一個 StudioX 機器人，讓機器人瀏覽報告、找出遲交者，並依照電子郵件範本寫好詳細相關資訊。她很高興再也不用親自監督時程表了。

山德和貝爾雷斯都表示，她們現在把一半以上的時間，都花在自動化專案上。兩個人都沒有太多機器人技術，或者 Excel 巨集以外的程式設計經驗。但她們發現

StudioX 使用起來更容易，並且比 Excel 更適用於多樣任務。

意外狀況，對 AI 很困難

然而，她們有某方面的角色，對系統來說可能很有挑戰性。山德表示，她很驚訝自己要花多少腦力，指導系統如何自動執行那些無腦的事。她說：「要人類打開瀏覽器，選擇和點擊正確的檔案是件很容易的事，但要讓機器人執行這些動作的操作指令，卻不見得都很簡單。也因為這樣，我比以前更懂得欣賞人類的大腦。」她還提到，她經常需要進入 StudioX 程式，並根據 StudioX 要處理的不同任務變化，改變它的工作方式。她評論：「Google 讓人討厭的地方是，它們老是不斷微幅調整自己的平臺，例如把一個按鈕從螢幕的右上角移到左上角。人類可以輕鬆適應這些變化，但機器人就會找不到按鈕。不過，對我來說，修改機器人還是比較簡單的做法。」

貝爾雷斯則表示，在她的自動化工作裡，挑戰性最高的是，讓原本手動完成這些工作的團隊去想例外的狀況。

團隊描述過他們手動處理的流程後，她經常會問：

「好，這是你的做法，但是如果發生意外的情況怎麼辦？」她指出，當團隊沒有照他們所說的流程進行時，常常會出現例外狀況，但團隊在描述自己的工作，要回想他們實際做過什麼並不容易。不過，她需要先設想，該流程在不同情況下要如何運作，以及未來一週或一個月可能出現什麼變化「以適應未來」。

貝爾雷斯和山德都表示，自己既扮演流程改善的角色，也扮演自動化的角色，但她們不會想把不好的流程自動化。她們的目標是最佳化人類工作，然後用機器人實現自動化。貝爾雷斯評論：「沒有人想要為了自動化而自動化。在某些情況下，我們發現既有的流程可能已經夠好了，好到團隊可能根本不需要機器人。」

山德對此表示同意，她說：「在把流程自動化之前，我們幾乎都會改善一些流程。團隊可能會一個一個下載檔案而不是整批下載，而鼓勵他們用更好的方式下載，也是我們工作的一部分。」

公民開發者的未來

山德表示，雖然不久前她還不知道公民自動化開發者

是什麼，但她現在看到這種角色有很多長足發展。她承認，有些任務不能也不應該用自動化取代，特別是人們在做的創意、策略工作，但現在有很多更結構化、重複性高和無趣的任務和流程，可以加入自動化行列。貝爾雷斯同意她的工作不會被取代。她認為，自動化開發者在凱絡媒體營運裡的作用，是全面簡化流程。對於她們支援的團隊來說，將手動的繁瑣流程自動化很有價值，因為可以讓團隊擺脫更乏味的工作，讓他們專注在策略和創意的工作。

電通的供應商 UiPath，有一則行銷訊息是提倡讓組織裡「每個人都有一個機器人」，顯示幫其他開發者把工作自動化的公民開發者，可能不是必要角色。山德表示，如果每個人都能夠開發自己的機器人，她會很高興，但公民開發者處理的任務範圍相當廣泛，很難想像就算每個人都有自建自動化任務的能力，她就會無事可做。貝爾雷斯指出，她們自動化的一些流程超出員工本人所在職位和職能範圍，因此公民開發者的角色仍然是必要的。

凱特・霍爾表示，她相信專業和公民自動化開發者將繼續存在。「我們每個人要做很多工作，有數千人參與，工作時間達到數十萬小時。」切普拉索夫和電通有確定的規劃，要擴大公民開發者計劃。自動化卓越中心希望在 2021 年第一季，把公民開發者的人數增加兩倍。它們

還規劃把該計劃擴展到加拿大，和電通集團在媒體事業以外的業務，包括創意和顧客體驗管理（customer experience management, CXM）部門。自動化卓越中心也為電通完成了資訊科技（IT）和財務職能的自動化工作，並希望將公民開發者計劃擴展到這些職能和其他職能。

2021 年，自動化卓越中心繼續把額外的機器人流程自動化程式，增加到自動化中心，並蒐集新做法的想法，以及記錄如何執行這些想法的規格文件。就像霍爾所言：「如果你沒有親自做過一個任務，要你弄清楚其中牽涉的步驟，難度可能很高。一旦我們在自動化中心拿到類似的流程文件，公民開發者就可以花比較少的時間去詢問人們在做什麼。」她說，自動化卓越中心每一季都會和公民開發社群舉辦會議，說明自動化中心已經釋出哪些技巧和訣竅、新軟體的功能，以及新推出的機器人。

切普拉索夫把重點放在大局，以及自動化如何改變產業。他說：「我們打算透過激勵措施，獎勵把工作全面加以自動化的人。不是每個人都要成為開發者，但我們想要獎勵那些讓自己和團隊更有生產力的人。雖然，有些公司已經在特定業務職能裡嘗試過自動化，但在我們的產業，沒有其他公司像我們一樣積極進行，而且我也知道哪些公司正在注意我們的動向。我確信最後有人會

模仿我們，任何組織想要開始採用機器人流程自動化，公民開發者自動化絕對是最快的方式。」

我們從這個案例學到的課題

- 用機器人流程自動化等智慧工具，自動執行各種單獨、耗時的小任務，可以當作改善大規模專案的替代方案或配套辦法。
- 機器人流程自動化，非常適合由熟悉業務營運和互動細節的「公民開發者」部署。
- 員工若參加公民自動化，並努力將自己的工作自動化，公司可以激勵這些員工。
- 我們距離每個業務人員都擁有自己的機器人流程自動化，還有很長的路要走，但有些公司正在朝這個方向前進。

11

84.51°和克羅格
自動化機器學習提高資料科學生產力

　　資料科學和機器學習開發者，是目前世界上最熱門的工作之一。2012 年，湯姆和他的共同作者帕蒂爾（DJ Patil）寫了一篇關於資料科學家的文章，標題為「21 世紀最搶手的工作」（*Sexiest Job of the 21st Century*）。後來，帕蒂爾成為美國政府第一位資料科學長。從那時起，隨著 AI 和機器學習普及整個組織，資料科學變得更加重要。[1]

　　資料科學家每天都在和 AI 打交道，因為他們是 AI 應用程式的開發者。但他們之中也有許多人，現在正以另一種方式使用 AI：他們的工作正在被自動化，起碼有一部分是如此。有一種比較新的技術，稱為自動化機器學習（AutoML），許多供應商都提供這種技術，此技術正在撼動資料科學的世界。這個技術由電腦程式支援，透過將

資料科學家的關鍵工作加以自動化，讓科學家更有生產力。最常見的做法是特徵工程（feature engineering）成分，在模型裡嘗試不同格式的不同變量，並測試替代的演算法，以了解哪個演算法最適合資料。這些計劃也促進公民資料科學家的出現，他們可能沒有量化領域的碩士學位，但仍然可以使用自動化機器學習，開發出有效的機器學習模型。

84.51°是以其總部所在地辛辛那提（Cincinnati）經度命名的組織，也是專門為美國超市巨頭克羅格（Kroger）分析及資料科學小組。它蒐集並分析一段時間內觀察到的縱向資料，如果 84.51°這個名字聽起來很奇怪的話，其實還是取得很貼切。2015 年，克羅格收購了大部分的唐恩杭比（dunnhumby），該公司和零售商合作，利用他們的數據成立了一家新的全資企業 84.51°。現在它只為克羅格及其龐大的供應商網絡提供服務。

84.51°的專案與自動化機器學習

84.51°的網站提供了一些數據，透露該組織在資料科學工作上的龐大規模和範圍：

- 一千兩百五十個民生消費品合作夥伴。
- 六千萬個家庭。
- 2021 年提供客戶十九億個個人化優惠。
- 分析超過十千兆位元組（PB）的客戶資料。
- 分析了三十億個客戶的購物車。
- 正在產生一百三十八種不同的機器學習模型。

　　克羅格每天都在使用該組織的許多預測模型。舉例來說，銷售預測應用程式會為超過兩千五百家門市裡的每一件商品，建立未來兩週的預測模型。在大多數公司裡，這類銷售預測模型很少或從來不會更新，但克羅格的銷售預測是動態的。預測模型會根據最新資料每晚更新。

　　克羅格還會使用 84.51° 的另一個功能——克羅格精準行銷（Kroger Precision Marketing）——這是克羅格提供的零售媒體廣告服務，用來分析媒體曝光與店面銷售之間的關係。它利用客戶的購買資料，讓品牌廣告更精確、可操作和可問責。在過去三年裡，該公司運用這種以資料科學驅動的分析結果，為超過一千個品牌精心策劃媒體活動。

　　如果沒有一定程度的自動化，要處理這麼大量的資料和模型，難度將會非常高。幾年前，84.51° 推出「嵌入式

機器學習」（Embedded Machine Learning）的專案。這個專案的目標是透過自動化，結合更標準化的工作流程和標準工具，以提高機器學習的生產力和有效性。它們選擇的工具是名為 DataRobot 的自動化機器學習系統，湯姆是該公司的顧問。

對於專業的資料科學家而言，不信任自動化機器學習的情況或不相信它可以建立有效模型，並不罕見。在84.51°，一些經驗豐富的資料科學家起初擔心，DataRobot 可能讓他們費力學到的演算法和方法知識，將來變得無用武之地。但該公司領導者強調，新工具將讓人們更有效地完成工作。隨著時間過去，事實證明確實如此。如今，使用 DataRobot 工具時，幾乎或完全沒有遇到任何經驗豐富的資料科學家抗拒。

有效幫助團隊解決更複雜的商業問題

84.51° 使用自動化機器學習，一開始的重點是提高專業資料科學家的生產力。但該團隊也使用自動化工具，增加可以使用和應用機器學習的人數。該公司一直在發展資料科學的功能，以滿足快速成長的建模和分析需求，進而

解決複雜的商業問題。尋找訓練有素的資料科學家是項挑戰，因此 84.51° 採用自動化機器學習，讓沒有接受過傳統資料科學訓練者，也能夠建立機器學習模型。

現在，84.51° 定期聘用「洞察專家」，這些專家沒有太多機器學習的經驗，但擅長溝通和呈現結果，並有很強的商業頭腦。在自動化機器學習的幫助下，傳統開發模型裡的大量活動——例如，辨識案例和探索性分析——現在也可以經由洞察專家完成。至於**統計和機器學習經驗較強的資料科學家，則可以把時間投入到需要更深的專業知識的機器學習領域中**，並為這方面經驗較少的人提供訓練和諮詢。

資料科學家對自動化機器學習的反應

亞歷克斯・古特曼（Alex Gutman）和妮娜・勒納（Nina Lerner）是 84.51° 的資深資料科學家。古特曼曾是辛辛那提寶僑公司（Procter & Gamble）的資料科學家，而且是資料科學主任，他是把自動化機器學習導入 84.51° 的關鍵人物。他訓練許多 84.51° 的員工使用 DataRobot，現在則負責預測克羅格特定店面的最佳商品

分類方式。

　　一開始，古特曼也是其中一個被自動化機器學習嚇到的資料科學家，他感受到自動化和這些工具的威脅。但當他成為 DataRobot 的訓練主任後，當學到的東西愈多，他就覺得愈自在。然而，他還是會在為期兩天的訓練課程裡，一開始就告訴大家：「這種工具可能會讓你覺得有點恐怖。」

　　他認為自動化機器學習的主要好處，在於提高他的工作效率。他說：「過去，我們要花幾天甚至幾週的時間，才能把原始資料轉換成可供演算法處理的資料集，並建立模型。但現在，這些工作只需幾個小時或最多幾天就可完成。這讓我有時間更深入思考我想用機器學習解決的問題，我們稱之為解決方案工程。」

　　自動化功能還可以幫他快速提供回饋給內部客戶。「這些功能協助我找到新功能或補充資料集，以提高預測的準確性，並更快得到結果給決策者過目，看看他們的方向是否正確。」

　　DataRobot 系統使用「排行榜」，根據預測資料的能力，將它產生的替代模型加以排名。古特曼表示，即使有了這種自動化的模型排名，資料科學家仍扮演著重要角色。「想要解釋這個模型，你必須深入了解它的工作原

理，需要能夠向決策者解釋這一點。」

妮娜‧勒納是84.51°的資料科學總監，負責開發新的資料資產，讓資料科學家更準確地預測和理解消費者行為。她也負責監督整個企業行為細分區隔的資料治理。她是自動化機器學習的早期採用者，並幫助多個用戶轉移到該技術。

勒納擁有哥倫比亞大學（Columbia University）量化分析碩士學位。她受過的訓練，讓她對於建立分析模型，並用模型成功預測和分類結果的過程感到自豪。「我們用自己的雙手建立模型，」她說。因此，一開始自動化機器學習對她來說很有威脅。「你不再需要受過訓練，也不用花時間建模，這一點讓人覺得害怕和恐懼。」

然而，她很快就接受這項技術，並成為自動化機器學習的死忠支持者。她說：「這個技術改變了遊戲規則。以前，有時候我會花兩個月建立一個模型，在XG Boost（編按：開源軟體庫）、隨機森林（Random Forest）、脊迴歸（Ridge Regression）等不同類型的演算法和其他模型之間選擇。然而現在，我兩天內可以探索的方法，比上述更多了。」

和古特曼一樣，勒納可以利用省下來的時間做很多事情。「它讓我得以騰出時間，研究模型之間的不同之處。

我可以設計出更完善的功能，增加新功能，並把問題定義得更好。」她喜歡這個新做法，並表示她認為自己現在處理的問題類型，對業務有更大的價值。

DataRobot 一直在其平臺上增加新的演算法，勒納承認她不見得都了解這些新方法的細節。然而，如果該工具認為某種新方法有幫助，受過學術訓練的勒納，就有能力理解她鑽研的模型公式。她可以利用所有量化資料的建模知識，評估模型的品質，以了解機器學習為什麼得出那樣的分數，並使用診斷技術確保模型的合理性。

人的判斷更加重要

對這兩位資料科學家來說，**自動化機器學習讓他們有更多時間深入思考正在解決的問題**，並探索更多替代方案。他們承認，在他們的組織裡，有些人把 DataRobot 當成黑盒子使用，不去了解其中的運作。有人會說：「我有一個資料集，我用 DataRobot 試一下，看看會發生什麼事。」但是，他們都強調自己不贊成或不支持這種做法。

古特曼和勒納，都必須向克羅格展示他們的結果。為此，他們大量使用了 DataRobot 裡面的「預測解釋」功能。

它辨識出所選機器學習模型裡的關鍵特徵及其影響方向。

「模型可能會告訴他們，」古特曼說，「為什麼有人會兌換或不兌換這張優惠券。」勒納對此表示同意，並說：「我們向克羅格的利害關係人分享可詮釋的產出，而不是模型本身。我們告訴他們為什麼家戶會得到特定的分數，為什麼從上一個模型到現在，分數會發生變化，以及哪些特徵影響了預測。」

和洞察專家合作

勒納和洞察專家合作使用自動化機器學習。例如，她訓練了一位洞察專家使用 DataRobot 系統，並依循機器學習的流程。她表示，比起與有很強統計背景的人合作，和洞察專家合作需要手把手的指導。

雖然洞察專家需要更多指導，但他們往往具有把模型結果與業務需求連在一起的強大能力，而且他們會更努力向克羅格利益相關人，提供資訊豐富的解釋。他們會描述資料提供的業務價值，並建立和業務相關的故事，以解釋自動化機器學習模型，並知道客戶可能會問什麼問題。

在古特曼的訓練課程裡，有些學生是洞察專家。他在

課堂上注意到，在建模比賽裡（他會給全班一個資料集，看看誰得到最好的結果），那些「打破排行榜」的學生，也就是找到比自動化機器學習技術自動選擇的模型更好的學生，很可能是洞察專家。

他們的方法不是嘗試最新的 Python 程式，而是真正理解預測結果的變數。例如，一位洞察專家把家戶收入結合房屋價值，建立了可以衡量負擔能力的標準，這是預測購買行為的良好指標。就像勒納所說，「領域的專業技術總是能帶來最大的價值。」

資料科學家的未來

古德曼和勒納都不特別擔心資料科學，將被自動化機器學習完全自動化。「這只是工具箱裡的另一個工具而已，」勒納評論，並指出她過去曾經看到量化分析師覺得自己受到前幾代的統計軟體所威脅，例如 SAS（Statistical Analysis System）和 SPSS（Statistical Product and Service Solutions）。

古特曼表示，在教過許多 84.51° 員工自動化機器學習的工具後，他認為人們永遠都需要向他和勒納這樣的資

料科學家諮詢，因為他們知道所有自動化背後發生的事情。「雖然自動化機器學習非常強大，」他補充，「但它對於縮短機器學習解決問題的整個流程沒有多大幫助，你還是要花很多時間定義問題，並蒐集和整理資料解決問題。自動化機器學習只是轉移了重點。」

勒納最後反思了自己在資料科學領域的整體職涯：

在職涯裡，我看重的是適應能力，以及跟著技術改變的意願。我不能讓世界從我身邊溜走。**如果自動化的時代已經到來，我要成為早期採用者，否則就會被拋在後面。**我必須一直站在技術的最前線。我本來可以成為隨機森林（一種特定建模技術）的專家，有人曾建議我這樣做。但如果我真的那樣做，我就不會那麼成功。我的職涯成長很多，那是因為我可以在這個領域做很多事情，而且我可以迅速採用新方法。

我們從這個案例學到的課題

- 就算是 AI 工程師和模型建構師的工作，也可以被 AI 建模環境——例如自動化機器學習工具——加以強化和

部分自動化。

- 透過自動化機器學習工具，經驗豐富的資料科學家，可以把更多時間花在需要更深入專業知識的任務上，包括問題框架、特殊分析、指導經驗不足的模型建構師，以及訓練員工使用自動化機器學習工具。

- 公民資料科學家可以用自動化機器學習工具，從事標準的資料探勘和模型開發，進而擴展公司與業務使用者的互動能力。

12

麥迪安網路安全公司

AI 輔助網路威脅歸因

　　史蒂文・史東（Steven Stone）是以情報為主的網路安全公司——麥迪安（Mandiant）的對手追蹤主管。[1] 他的團隊是該公司「進階實務」（Advanced Practices）團隊的一部分，主要負責針對麥迪安的客戶採取積極破壞行動的網路威脅組織，確認其身分、行動和預測它們下一步行動。當麥迪安偵測並發現惡意活動時，會將相關的取證事件歸類為「集群」（威脅團體）。這些集群會指出哪些行動、基礎設施和惡意軟體，是某個攻擊和活動的一部分，或者和一系列活動直接相關。許多威脅組織的集群，已經是麥迪安熟知的敵人。

　　當新的網路威脅組織集群，出現在麥迪安全球網路威脅追蹤的「雷達螢幕」上時，系統會把它辨識成「未分類

群組或集群」（uncategorized group or cluster, UNC）。如果史東的團隊能夠確定這個未分類群組或集群，與團隊之前一直追蹤的威脅集群一樣，那麼它們可以合併這兩個群組，並利用所有團隊成員的現有知識，預測接下來會發生什麼。該團隊還可以看到這個集群如何演變。

然而，正如史東所說，如果他們不知道正從事網路威脅的實體，是不是麥迪安熟悉的實體時，「你就像在黑暗中摸索一樣，不知道自己該找什麼，很難集中精力應對，也很難預測犯罪者下一步會做什麼。」他闡述：「直到 2018 年，我們依然都用手動的方式比較未分類群組或集群。也因為如此，我們判斷兩個未分類群組或集群是否可以合併，認定它們是不是同一個實體，完全都是手動處理，而且需要我們最厲害的專家出馬進行。」

AI 更擅長比較未分類網絡威脅群組

由於麥迪安追蹤了數千個未分類群組或集群，以及相當數量的其他威脅組織，所以**就算是專業的分析團隊，也不可能一次記住所有組織或集群**，更難在長時間內比較它們。史東說：「這就是我們用機器學習解決問題的地方。

我們希望智慧、自動化的工具，可以幫助我們系統化、客觀地比較一個與所有其他未分類群組或集群，以及其他屬性類別裡的實體相似程度。」

麥迪安的客戶遍布全球，它們使用麥迪安的內部網路、端點（endpoint）和電子郵件安全控制，讓大量遙測資料流回中央，在那裡匯整、標準化、自動化和規模化資料。史東指出，這種方法是該公司成功的關鍵，因為公司可以運用從全球用戶端站台取得的遙測資料，監控全世界網路威脅的情況。

然而，擁有大量的遙測資訊，與了解如何系統性地利用它來對威脅集群進行複雜的比較，卻是兩回事。史東解釋：「這是我的團隊遇到的最大挑戰。你如何在這麼大的資料『桶』裡，完成高度詳細、複雜的工作？」

強強聯手，使 AI 處理問題更細膩

史東和他的團隊要面對雙重挑戰，除了比較未分類群組或集群，並利用麥迪安大量的全球遙測資料，以利團隊從兩邊加以比較。一方面，他的團隊由高度專業的網路威脅歸因分析師組成，具備辨識、偵測和追蹤未分類群組或

集群的深厚專業知識。另一邊是麥迪安的資料科學團隊。在網路安全威脅分析上，雖然資料科學團隊不具備相同深厚的領域專業知識，但團隊成員能夠根據可用的資料集，建立、測試和驗證機器學習模型，而這些都是進階實務團隊不具備的能力。根據網路威脅歸因分析師的專業領域知識，他們確認了網路威脅將近五十個重要維度。進階實務團隊和資料科學團隊合作，更新和重組它們追蹤的所有未分類群組或集群的資料集，以便在各面向描述每個未分類群組或集群。

即使每個未分類群組或集群的資料，都用這種方式組織，但要顧及的面向和相關指標還是很多。分析師繼續和麥迪安的資料科學團隊合作，根據自然語言處理，以及機器學習研究社群使用的既定方法，開發了一個建模框架，用來評估不同文本文件的相似度。他們將每個未分類群組或集群描述成「文件」（document），將用來描述攻擊的每個面向稱為「領域」（topic），將每次攻擊的具體細節稱為「術語」（term），然後計算領域和術語。他們有一個重要的洞見，是將他們評估網路攻擊威脅集群相似性的特定需求，反映到以機器學習為主的自然語言處理方法中，以自動評估文本文件的相似性。如果沒有威脅分析領域專家和資料科學家之間密切的往返溝通，他們永遠不會

產生這些洞見。

ATOMICITY 同時支援機器學習與人類學習

　　ATOMICITY 是該團隊開發的工具，用來評估網路威脅集群相似性的工具。為了評估和驗證這個工具，團隊把它應用在歷史資訊上，檢查麥迪安專家威脅歸因分析師，過去就合併未分類威脅集群所做的所有判斷。這些過去的決策，是由人類專家決定是否合併。隨著史東的團隊繼續使用 ATOMICITY，機器學習系統和人類專家會透過彼此學習、訓練彼此。以機器學習為主的新 ATOMICITY 工具，改變了團隊比較威脅集群相似性的方式，更廣泛地說，它改變了麥迪安在整個公司的運作方式。

　　由於 ATOMICITY 工具，可以自動對數千個未分類威脅集群的整個資料集執行相似性分析，因此，麥迪安進階實務團隊可以更頻繁地進行這類分析。這讓該公司得以清楚了解，在整個未分類群組或集群這個「宇宙」裡，所有資料如何隨時間相互靠近或遠離。這個新觀點為史東的團隊和其他麥迪安分析團隊，帶來強而有力的洞見，以了解全球網路威脅格局的演變。

史東強調，ATOMICITY 並不會取代任何專家威脅歸因分析師，而是強化並拓展他們的工作。他澄清：「我們不會讓機器學習的工具，進行判斷是否該合併兩個未分類群組或集群的重要決策。只有我們的專業威脅歸因分析師團隊，才能利用 ATOMICITY 工具的支援分析資訊，做出這類決定。」

ATOMICITY 使麥迪安能夠選擇其工作流程中的重要部分，讓進階實務團隊的專家分析師，可以騰出大量時間和腦力進行特殊的調查項目，而在這些項目裡，人類遠遠優於自動化的機器學習模型。史東指出：「我們的團隊採用這種機器學習工具，已經獲得了數倍的回報。」由於效率提升，以及因效率提升而讓人類專家節省的時間，讓人們願意不斷改善機器學習的工具。史東評論：「我團隊裡的分析師，目前正在花時間準備打造下一個版本的 ATOMICITY。他們不斷參與這個過程，為這項努力帶來實質幫助。我們員工認為，要為這個工具投入資源，把它當作持續進行的核心工作，而不只是一次性的科學專案。」這為人類分析師以及機器學習系統，創造了不斷學習和改進的持續循環。

擴大 ATOMICITY 的使用案例

由於麥迪安在使用 ATOMICITY 上，已經逐漸累積出經驗和信心，該公司因此幫自己及其客戶找到新的使用案例。例如，網路威脅集群有時候會從雷達上消失，然後又突然重新出現。意外出現新的網路威脅實體，也是常有的事。在這兩種情況下，除了史東的團隊之外，更多的麥迪安分析師，都會利用 ATOMICITY 提供的結果，探討可能的解釋。此外，麥迪安現在與客戶的特殊通訊內容中，包含了威脅歸因專家使用 ATOMICITY 對未分類群組或集群所做的分析。

採用 ATOMICITY 之前，麥迪安不願意和客戶討論這類訊息，因為要量化、證明和解釋分析背後的方法很有挑戰性。然而，使用 ATOMICITY 後，公司的想法改變了。此外，過去純手動的流程，讓公司少有餘裕可以和客戶溝通。現在，麥迪安有信心和能力，可以分享一些分析師對未分類群組或集群的評估，因為該公司擁有了更堅實的基礎和穩健的方法，從事這些評估。

我們可否將機器學習的模型，更直接用來協助分析師預測，威脅實體下一步或在未來某個時間點，會做哪些事？史東認為，這種預測超出目前的技術水準。據他所

知，沒有任何商業或政府實體擁有這種預測能力。麥迪安希望最後可以找到實用且可解釋的方法，預測威脅實體將來會做什麼，即使他們尚未在該實體的現有數據裡觀察到那些行為。

史東認為，機器學習的工具最適合用來協助他的團隊完成大量工作。他解釋：「我們的策略不是刻意使用機器學習工具來『大海撈針』。我們的經驗是，**在現在和可預見的未來裡，人類專家在處理這種早期階段、定義不明的探索工作上，能力都比機器優越很多**，而且以數據驅動的機器學習工具，能夠更有效地部署在更廣泛的領域，這些領域源源不絕的資料流（data stream）會把我們淹沒。」

麥迪安的機器學習開發和部署策略，還有另一個重要地方是「沒有自動的魔法」。當團隊成員無法理解系統正在做什麼，或系統如何得出分析的結論時，團隊不會用機器學習的系統來產出分析或提出建議。

對重大變化的反思

我們請史東反思，他從擔任軍事情報分析師開始，到

後來成為網路威脅情報分析師的職涯裡，經歷過哪些重大變化。於是，他分享了以下故事：

幾年前，我偶爾會在美國一所軍事學校，傳授訓練情報分析師的課程。我們會教分析師如何調查許多不同來源的資訊，進而找到一個有用的資訊。假設沒有任何可用的資訊，但我們巧妙地找到一條有用的資訊，這就是情報突破。有時候，我還是會在那所軍事學校擔任情報分析師，整個情報分析和類似的網路威脅分析環境，已經有所改變。

它已經從如何在資訊很少的情況下發現有用的資訊，發展到如何篩選大量的資訊，知道該放棄哪些資訊，才能發現和保留對目前任務來說，真正重要的子集（subset）資訊。這是一種完全不同的技術和心態，兩者天差地遠。

我們從這個案例學到的課題

• 只有在 AI 工具的支援下，才能選擇性地篩選和使用從感應器和交易裡持續蒐集的大量資料，進而獲得洞見。

- 因開發 AI 模型而產生的新系統分析方法，通常會讓公司有信心和客戶、或和公司其他部門，分享以前專門分析的結果。

- 可解釋的 AI（explainable AI），對於技術專業人員和接收專業人員工作的客戶來說，都十分重要。在使用者無法理解系統如何得出結論的情況下，可能不適合使用 AI 輸出的結果。

13

印度星展行動銀行
用客戶科學優化客戶服務

　　2016 年 4 月，總部位於新加坡的星展銀行，在印度推出一家只有行動裝置的全數位銀行——星展行動銀行（Digibank）。

　　當時，它是印度第一家純網銀，也是第一家利用印度國民身分證和生物識別卡（稱為 Aadhaar），對新銀行客戶進行全數位化登入的銀行。星展行動銀行的推出及營運，最終改變了星展零售銀行使用客服中心的方式，以及零售客戶服務的各個方面。而這不僅發生在印度，還包括其母國新加坡和其他營運國家。

星展銀行客戶科學計劃的起源

星展行動銀行推出後不久，發生過一次失誤事件，因而引發這次轉型。星展銀行區域消費銀行業務董事總經理凱拉薩・拉馬林詹（Kailash Ramalingam），負責客戶聯絡中心與服務的營運，他回憶起該事件：

2016 年，星展行動銀行推出不久後，我們和執行長高博德（Piyush Gupta）就數位銀行的工作舉辦了審查會議。在那次審查中，我們報告一個問題導致應用程式當機的事件。有個客戶短時間內無意間產生異常的大量交易，導致應用程式當機，程式停機數小時。

高博德問我們：「當客戶進行第一百筆交易時，為什麼我們沒有注意到？還是第一千筆交易？為什麼我們沒有透過行動應用程式，監控所有客戶行為？為什麼我們不能在即將當機之前就發現問題？」

「我們有監控交易，但是是針對整體客戶的交易水準進行監控，而不是針對每個單一客戶。以整體來說，個人交易的數字相對較小，遠低於我們的閾值，所以我們當時的監控沒有發現這一點。我們錯過了這一點，直到行動應用程式當機後才注意到。」

在那次審查裡，高博德建議我們，應該開始即時監控每個客戶的活動過程，以便盡早發現異常狀況，並檢測客戶使用行動應用程式時，什麼時候會遇到困難。「畢竟，我們營運的是一家完全只限於行動設備的數位銀行，而不是傳統銀行，所以數位化是客戶唯一的選擇。」他挑戰我們能否即時致力處理客戶和我們的互動，尤其是客戶在使用數位銀行時遇到困難。

執行長發出的挑戰，激勵了凱拉薩和他的客服團隊，決定為印度的星展行動銀行設計新的客戶科學計劃，讓他們可以透過該計劃即時監控每個星展行動銀行客戶的活動過程。他們會主動查看客戶使用行動應用程式時，哪些跡象顯示他們何時會遇到困難，並培養出當客戶遇到困難時，他們能夠介入的能力，讓客戶在過程中可以選擇進行下一步。

它們為星展行動銀行設計的客戶科學計劃，共有五個部分：

1. 透過行動應用程式，可以即時監控所有客戶的活動過程。
2. 以 AI 的方法，結合以知識為主的規則和機器學習

模型，以偵測和預測客戶遇到的困難。

3. 建立實驗平臺，用來設計、部署和管理建議的干預措施，以化解客戶遇到的障礙，並測試和評估這些干預措施的實際效果。

4. 自動執行超前部署的干預措施，具體情況取決於客戶在特定過程裡遇到的困難性質而定，以及星展行動銀行是否擁有能夠解決問題的數位干預措施。

5. 透過手機應用程式取得的客戶回饋，加上客戶後續致電客服中心的通話，都會成為反饋的循環。

凱拉薩闡述：「我們整個客戶科學專案，都利用了早期預警指標。透過我們監控過程和 AI 分析，能夠找出服務降級（degradation of services）和客戶遇到困難的早期預警訊號，並迅速把這類回饋傳達給我們的技術團隊，以縮短解決問題的回應時間。我們運用自己的資料和分析，為產品團隊提供回饋，指導他們如何改善其產品的客戶旅程體驗，包括如何預防錯誤。」

印度星展行動銀行落實了這些客戶科學的能力，讓它們的客戶聯繫團隊大幅提升生產力。星展銀行印度客戶服務中心負責人拉吉庫瑪・烏達古瑪（Rajkumar Udayakumar）解釋：「在過去四年裡，我們在印度推出

行動銀行後，持續致力於研究資料，以改進我們的應用程式和客服能力。一旦我們走過早期的上線階段，我們的客戶群成長了近六倍，我們處理的金融交易數量增加了十二倍以上。然而，在這四年期間，我們的客服中心和其他即時互動的員工人數，卻完全沒有變化。」

凱拉薩強調他們能夠在印度推出客戶科學計劃，快速採用主動提供客戶服務的方法，以及聯絡中心達成如此高生產力的因素。「我們在印度的行動銀行業務，沒有傳統銀行業務的包袱。這裡的一切完全都是從數位化開始，包括與客戶互動的各個面向，像是登入應用程式以及各方面的服務。我們和客戶透過數位銀行的互動，百分之百都是純數位化的。」

透過客戶科學改變銀行

為了在前三年內推出新的數位銀行客戶科學工作，星展銀行將這個計劃安排在印度既有的聯絡中心團隊內，該團隊已經在分析客服中心的工作量、績效和人員需求。拉吉庫瑪指出：「我們發現，客戶使用行動銀行動應用程式的過程中，如果程式出現任何問題，都會使客服中心

來電暴增。所以,我們很自然就從這裡著手。」

他們很快證明在客戶科學下功夫,有其用處和價值。在一開始的幾年裡,該團隊透過利用前述五種能力,辨識並解決客戶遇到的多種困難,這些障礙會讓星展行動銀行的客戶,致電印度聯絡中心的客服中心。例如,透過客戶活動監控以及相關的後續步驟,客戶可以大幅減少打電話給客服要求處理各種問題,包括密碼問題、手機作業系統升級、轉帳卡相關的變更請求和重新設定,以及沒有注意到他們在二十四小時內進行的交易,已經超過電子支付交易監管的額度等。

「當我們意識到客戶科學平臺的優勢,並看到它變得愈來愈強大時,我們認為有必要使用獨立的團隊來運作,讓它和聯絡中心的人力管理團隊分開,因為人力管理團隊主要負責管理每天來電通話的工作,」拉吉庫瑪說。

成立改造銀行部門,以管理「需求」

2019 年中期,印度聯絡中心成立了一個客戶營運的新團隊,負責聯絡中心內部的客戶科學計劃,以及其他相

關改善工作。這個新的客戶營運團隊就是星展銀行所說的「改造銀行」之類的部門，其日常工作重點是提高銀行的能力。

相較之下，正規的聯絡中心營運以及直接相關的支援單位，則被視為「營運銀行」類型的單位，主要負責提供日常服務的需求，回覆每通電話以及每天收到各種形式的聯繫。

客戶營運團隊將他們接到的每一通電話，都看成是診斷資料流的一部分。

拉吉庫瑪指出：「我們的客戶營運團隊和客戶科學工作，認真地把每通電話和每一次的即時交談，都看成是我們沒有做好的證明。我們問自己：『為什麼客戶要承受打電話給我們，或和我們即時對談這些麻煩事？為什麼客戶不能透過我們的數位應用程式，更輕鬆自然地做到這一點？我們把這些輸入當作資料進行分析，看看有沒有什麼方法，可以降低客戶將來跳過我們正常的數位管道來聯繫我們的需求。」

客戶營運團隊進行的銀行改造工作，還有其他案例，包括改善星展行動銀行聊天機器人的專案、改善機器學習模型的工作，以及「需求管理工作」。需求管理工作的目的，是減少客戶透過電話或即時對話向聯絡中心發出要

求。這類技術性的基礎工作，通常是和在這些領域擁有強大專業知識的星展企業集團合作完成。

印度星展行動銀行客戶營運和客戶科學的未來

　　身為印度聯絡中心的總負責人，拉吉庫瑪想要改變自己和他的管理團隊，花在銀行營運工作與改革銀行工作上的時間比例。他觀察到，「管理銀行經營類型的業務，仍然占我們將近70%的總管理時間。我們管理階層只花剩下30%的時間進行分析和改善客戶旅程。明年，我們應該採取接近50：50的比例，其中50%的管理時間用來分析和改善客戶旅程，並和業務與產品團隊合作實現這個目標。」

　　為了實現拉吉庫瑪對印度聯絡中心的願景，必須改變管理階層的時間分配：

　　現在，我們團隊討論的願景，是我們可否實現客戶零來電的可能。雖然我們知道這不太可能，但實現零來電依舊是我們的願望。我們希望客戶覺得我們的行動銀

行不需要客服，因為它很聰明，也有超前部署的能力。

我們希望找到更好的方法，來干預客戶遇到的各種困難。雖然，我們現在已經有以規則和預測模型為主的方法可以做到這一點，但我認為我們能夠超越目前處理疑難雜症所採取的干預措施。我們可以進行更多種類的實驗，以及提出新的干預方法，支援客戶使用時遇到的困難。

最好的服務就是不需要服務。我們希望未來幾年內，能夠朝這個方向進一步邁進。我們要花很多年的時間才能做到這一點，但我們客戶科學工作，正在幫我們朝這個方向前進。

有愈來愈多新加坡當地市場的客戶，改用星展銀行的數位通路和該銀行互動並取得客戶服務，新加坡的客服中心逐漸採用一開始部署在印度行動銀行的做法，自動化監控客戶的使用過程，以及主動干預的能力。現在，新加坡客戶中心也有一個客戶科學營運團隊，這些人在改變銀行的計劃裡，使用了一開始印度採用的技術，並擔任新的客服工作。

我們從這個案例學到的課題

- 想要有效使用 AI，不僅需要技術，還要不斷針對採用這個技術的業務流程，加以實驗和改進。

- 當所有與客戶的互動都可以透過數位通路進行時，就可以即時監控他們，了解他們是否遇到困難。在客戶需要人類客服協助前，可以先啟動修正措施。

- 為了成功解決特定業務領域的 AI 問題，可能需要新的團隊和工作角色。

- 即使業務大幅成長，透過 AI 協助的營運人數也可能保持不變，而設計和執行 AI 的團隊人數，則可能增加。

14

直覺軟體公司
AI 輔助寫作，人負責提供規則

　　現今，許多公司都在創造大量內容。無論是軟體公司、工業公司或醫療保健公司，他們都會創作內容，內容包括行銷素材、產品和服務文件、網站內容、投資人關係報告等。在某些情況下，其中一些內容可能是由 AI 產出，但其中絕大多數是由人類寫作家創作。他們不一定是專業作家，而是一般撰稿者。

　　這種狀況為組織帶來一系列問題，因為並不是每個人都很擅長寫作。寫作者會拼錯單字、用錯語法、使用不恰當的語氣、置入不應該使用的單字、用不同的方式談同一件事，以及犯許多其他的錯誤。過去，這些問題由文案編輯處理，現在他們的職務名稱通常和「內容」相關，例如內容創作者、內容策略師、內容設計師、數位內容作家，

甚至是「內容系統資深經理」。大多數使用這些「內容」的公司是科技公司，但其他類型的公司，包括萬事達卡（Mastercard）和泛美（Transamerica）等知名公司，也會使用這些內容。

「內容系統」（content systems）這個頭銜適用於珍妮佛·舒米契（Jennifer Schmich）在直覺軟體公司（Intuit）的工作。直覺軟體公司為個人和小型企業提供財務軟體，包括 QuickBooks、TurboTax 和 Mint。舒米契負責使用 AI 系統，改善直覺軟體公司的內容。直覺軟體公司有數千名員工負責撰寫內容，因此她必須找到方法提高內容品質，並讓內容符合公司標準。

直覺軟體公司為什麼導入 Writer ？

舒米契擔任內容系統資深經理時，使用的其中一個系統是 Writer。Writer 是一家位於舊金山的新創公司，該公司為商業寫作打造出 AI 寫作助理。它用 AI（機器學習和自然語言處理）為員工即時建議寫作內容，以保持內容的清晰，並讓內容與公司要求的訊息和術語保持一致。Writer 著重於內容的四個不同面向：

1. **寫好文章的基礎**：文法、拼字、風格、正確的閱讀程度和格式（當然，微軟 Word 等文書處理系統通常可以修正文法和拼字，但 Writer 的功能遠遠超出 Word）。

2. **編輯**：寫作風格、一般慣例和公司特別要求的慣例、文案編輯（例如是否使用牛津逗號〔Oxford commas〕）。

3. **人際互動**：易讀性、敏感度、包容性、諷刺用語和語氣。

4. **品牌**：可以重複描述品牌的訊息、使用或不使用特定術語、用一致的方式討論公司的價值主張。

公司內的不同職能或單位，可能比其他單位更在意上述的其中一個面向，例如人力資源部主要關心是人際互動的部分。行銷部門也常用 Writer，尤其是行銷和品牌導向的寫作。但「內容」的功能可以處理各種不同的寫作目標和問題。

人們可以在 Writer 軟體輸入內容。在直覺軟體公司，大家通常用 Google 文件（Google Docs）或微軟 Word 外掛程式。他們這樣做時，軟體會建議他們怎麼寫。建議可能這樣寫：「我們不喜歡這種寫法，盡量用『你』來和客戶

溝通。」內容創作者無須離開他們既有的工作環境並中斷工作流程，即可使用 Writer。

　　這些建議通常由直覺軟體公司風格委員會編制，發送給該公司網絡裡各處寫作者。寫作者可以接受建議、忽略、拒絕建議或者給予回饋，例如「我們要把這個術語增加到我們的分類裡」。有時候，公司會禁止寫作者寫出某些內容，例如在直覺軟體公司，「黑名單」（blacklist）這個詞因為有種族歧視之嫌而不得使用。或者，也不可以使用「左下角」（bottom left）提示位置，因為可能被認為歧視殘障人士。如果寫作者在文章裡出現這類禁止內容，軟體會把文章標記成需要經過內容專家審核。另外，當外部機構在 Writer 完成文章，並將文章交給直覺軟體公司時，文章往往也會標記為需要大量編輯。

　　Writer 一開始叫做 Qordoba，直覺軟體公司是它的早期客戶。在直覺軟體公司，有許多人和團隊在產出內容，包括技術文件、客戶支援、行銷和產品內容，而且有些團隊規模相當大。例如，產品 QuickBooks，便有四十幾個人專門撰寫產品內容。這些各自作業的內容寫作者，很多人不是專業的寫手，不具備和寫手一樣的敏感度和目標。直覺軟體公司的內容團隊，認為 Writer 可以讓他們無需大量人工處理，即可改善和提高產出內容的流程。

只要建立規則，AI 可以提供你各種風格

　　內容系統資深經理舒米契，將 Writer 導入公司的工作中。舒米契一開始是文案撰稿人，但隨著時間過去，她對於如何利用科技改善內容流程愈來愈有興趣。幾年前，她和老闆商定了自己的職稱。

　　舒米契稱讚內容策略大師——克莉絲汀娜·哈佛森（Kristina Halvorson）「讓內容系統變得很出名」，她也發現其他公司開出愈來愈多像她這樣的工作職位。她在直覺軟體公司管理三位員工。團隊負責維護直覺軟體公司的整體寫作風格指南（她在 2016 年開始工作，當時大約有十幾種不同的指南）、口氣和語氣的偏好、設計系統、內容架構和分類管理。該小組也愈來愈常接觸到，用聊天機器人和語義技術（semantic technologies）處理過的內容。舒米契說，她大部分的工作是和工程師合作以訂定內容分類法，以及客戶和用戶的意圖模型——這些通常都是透過搜索引擎或聊天機器人的對話呈現。

　　對直覺軟體公司來說，Writer 不僅修正了一般的寫作問題，也把金融語言標準化。它涵蓋了該公司產品的所有主題，包括會計、稅務和個人理財的術語和語法。

　　由於 Writer 具備機器學習的功能，因此，隨著團隊將

直覺軟體公司的特殊寫作方式回饋給該軟體，軟體便可以進行學習。

直覺軟體公司的內容寫作者，不必自己記住所有寫作規則、尋找問題的答案，或者瀏覽舊文件尋找正確的範例。舒米契表示，Writer 提高了直覺軟體公司內容創作的品質和數量。她會用 Writer 儀表板追蹤使用者的參與度，以及內容的改善狀況，並比較不同內容的品質。

對內容創作者的影響

莎拉‧莫斯（Sarah Mohs）是直覺軟體公司的資深內容設計師，和 QuickBooks 產品團隊密切合作。她為 QuickBooks 製作和編輯內容，並和珍妮佛‧舒米契的團隊合作編寫 Writer 風格指南。

身為內容創作者和編輯的莫斯認為，Writer 提高了她的工作效率並節省時間。她說：「**人很難把所有事情都記在腦子裡，只有當你知道自己在找什麼的時候，才能尋找資訊。AI 會在你寫作時檢查所有東西，這樣當然可以減輕你的認知負擔。**」她認為，AI 可以減輕一些修正寫作的負擔。她不必注意哪裡少了逗號，而是能夠更細緻

地分析，更有策略地思考內容。這是難度更高、但更讓人滿足的工作。然而她說，你是否喜歡這種改變，取決於你的個性和工作重點。「如果你喜歡文案編輯，這樣會帶來一些挑戰，」她說。

莫斯表示，內容撰寫領域有些人會擔心，AI 讓他們的工作變得無足輕重，但她不會特別擔心因此失去工作。**「我不認為它會取代人類編輯或文案人員，它只是個寫作良伴。機器學習很有用，但並不完美，理解上下文脈絡一直都很重要，但 AI 不一定都能正確處理上下文。AI 可以分析語氣，但只能分析從使用者收到的資訊。」**

舒米契和莫斯都認為，為了讓直覺軟體公司從 Writer 以及其他 AI 內容工具裡，得到充分的價值，內容創作者和編輯者需要接受教育和新技能。舒米契評論：「我們只用了該工具的一小部分功能。到了某個時候，我們要提高所有內容創作者的技巧，才能學習其他功能，並幫助我們思考它還可以用在哪些地方。我們確實需要更多教學來了解它的功用。對於內容設計師來說，Writer 可以讓我們騰出時間，思考從產製到部署內容的點到點流程。」

寫作已經存在了幾千年，而把 AI 當作輔助工具，也只有短短幾年的歷史。我們肯定還有一些方法，可以處理這個問題。

我們從這個案例學到的課題

- 擁有 AI 工具的小團隊，可以支援分散在公司上下的數千名人員。
- 非技術人員可以擁抱使用 AI 支援系統，自己學習如何使用這些系統，並努力讓其他人在日常工作中使用它。
- 當許多員工只使用 AI 支援工具的一小部分功能時，就需要提高人員使用附加功能的技術。

15

Lilt

電腦輔助翻譯，
使專業翻譯者產能提升 160%

　　如果有人認為世界上不會再有人類譯者，這是可以理解的。隨著 Google 翻譯、亞馬遜翻譯（Amazon Translate）、微軟翻譯和中國科大訊飛（iFlytek）的大肆宣傳，有些人可能認為電腦在語言翻譯領域已經勝過人類。確實，技術正進入這個領域，但機器翻譯最適合翻譯普通且非正式的內容，例如遊客或網站所需的內容。

　　但特定領域內容需要高品質、專業的翻譯，人類在此顯然仍扮演重要角色。人類譯者會翻譯書籍、文章、行銷材料、法律文件和「本地化」專案，以便世界各地使用不同語言的消費者，都能看懂產品資訊。美國大約有六萬名筆譯和口譯專業人士，雖然他們的成長速度放緩，但仍在成長。

但人類翻譯已不再是過去的樣子。如今，大多數人會用某種方式取得智慧機器的幫助。這些電腦輔助翻譯（computer aided translation, CAT）工具，無法完成所有翻譯工作，譯者仍主要負責整個翻譯過程，但電腦輔助翻譯可以讓工作變得更快、更容易。對譯者來說，無論他的譯文多麼出色，他都很難或跟不上使用良好電腦輔助翻譯系統的譯者。

專業翻譯者的好夥伴

艾莉卡・斯托姆（Erika Storm）和 Lilt，就是人類結合機器的案例之一。艾莉卡是紐西蘭的年輕居民，二十多歲，在丹麥出生長大。她高中時對學習多種語言產生興趣，並在大學得到國際商務溝通（英語和歐洲研究）的學士學位。後來，她又得到國際商務傳播碩士學位，主修筆譯和口譯，因此能夠使用「歐洲筆譯碩士」（European Master of Translation, EMT）的頭銜，這是歐盟對翻譯的認證。接著，她和丈夫離開丹麥前往紐西蘭。她說，自己可以在任何地方從事翻譯工作，而他們住在以步道和黑皮諾（Pinot Noir）葡萄園聞名的小鎮。

她的翻譯合作夥伴是 Lilt 電腦輔助翻譯系統，Lilt 是矽谷新創公司，擁有以 AI 驅動的翻譯平臺。艾莉卡使用過多種電腦輔助翻譯系統，她說很多系統都「太蠢了」，為她的工作帶來的麻煩遠大於便利。不過，她比較喜歡 Lilt。Lilt 和其他電腦翻譯系統不同的地方在於，它一開始設計就是「人在其中」，或者說是人類和 AI 的協作系統。它使用機器學習——尤其是深度學習神經網路——預測要翻譯的段落文字應該如何翻譯。它在人類譯者開始翻譯之前就發揮作用，人類譯者可以接受或修改系統所預測的文字。

　　艾莉卡和 Lilt 合作不久後，就說：「它的翻譯很棒，而且速度很快。」雖然她精通其他幾種語言，但她主要翻譯行銷類文章，專門從事丹麥語翻譯。她評論，Lilt 的預測大多數時候都非常準確。她可以用各種快速鍵，接受或拒絕系統預測的翻譯文字，並在文字裡移動。另外，Lilt 會記錄她的翻譯速度。艾莉卡說，狀況好的時候，她每小時可以翻譯大約 800 字。但是，譯者若沒有電腦輔助翻譯的協助，平均速度約每小時 300 字。

　　她對於純粹的機器翻譯持懷疑態度，因為這種機器翻譯並不準確。「Google 翻譯在我高中時就出現了，」她說，「有些同學會用它來寫作業，但老師馬上就發現了，

而且會給他們不及格，因為它的品質太差了。」她還嘗試了一種稱為「機器翻譯與譯後編輯」（MTPE）的人機翻譯協作形式，其中內容由機器翻譯，接著交由人類譯者校對和編輯。但她發現這個方法太慢了，而且用起來比使用 Lilt 費力許多。運用 Lilt 的譯者和其他地方的譯者，都屬於外包的工作人員，他們通常按翻譯字數支薪，因此生產力對他們來說非常重要。

Lilt 的執行長兼共同創辦人史賓塞．格林（Spence Green），擁有史丹佛大學自然語言處理博士學位。他告訴我們，大多數公司在 1990 年代都將翻譯工作外包。他的另一位創辦人，擁有柏克萊大學自然語言處理領域的博士學位，他們開發 Lilt 後，試圖將 Lilt 推銷給外包商，但他們不感興趣。因此，Lilt 邀請了像斯托姆這樣的譯者使用 Lilt 軟體，並處理客戶需要的翻譯工作。該公司的商業模式可說是翻譯即服務（translation as a service, TaaS）。他暗示說，自己有些政府客戶是情報機構，而且 Lilt 和美國中情局的風險投資部門 In-Q-Tel，建立起合作夥伴關係。In-Q-Tel 目前仍然雇用譯者，並讓自己的人員使用 Lilt 軟體工作。

Lilt 和大多數以機器學習為主的系統一樣，都是根據資料進行訓練。深度學習演算法需要非常大量的訓練資

料。但和許多機器學習系統不同的是，Lilt 本質上是使用三個層級的訓練資料。一個是一般的語言翻譯領域資料，類似 Google 或亞馬遜使用的資料，而 Lilt 主要是使用聯合國的翻譯。但是，史賓塞說，他的客戶需要翻譯特定領域，例如行銷、法律或政府，所以 Lilt 進一步接受該特定領域翻譯資料的訓練。當模型根據特定譯者（例如斯托姆）的翻譯訓練時，就會發生第三層的學習。如果艾莉卡對某個字或片語的翻譯，總是和 Lilt 預測的不同，系統最後會採用她的翻譯，以進一步提高她的工作效率。Lilt 的方法叫做「適應型機器學習」，可以顯著提高譯者的工作效率。

Lilt 翻譯生態系統

除了像斯托姆這樣的譯者外，在機器輔助翻譯生態系統裡，還由其他各種角色組成。例如，Lilt 聘用了一組專案經理，他們是 Lilt 和企業客戶以及其聘用的外包譯者主要的聯絡窗口。專案經理將翻譯專案分配給譯者，協調和監控專案進度，和譯者合作改善他們的工作流程，並將譯者和客戶對產品的意見，傳達給 Lilt 的產品和工程團隊。

當然，客戶是這個生態系統裡另一個關鍵部分。在 Lilt 的客戶服務組織中，關鍵角色是「本地化」主任。例如，亞歷珊卓・比納齊（Alessandra Binazzi）是亞瑟士數位（ASICS Digital）的全球本地化主管。亞瑟士數位是日本運動器材公司亞瑟士的一個業務部門，主要負責數位產品和通路。該公司主要的數位產品 RunKeeper 支援十二種不同語言，因此非常需要針對公司旗下的應用程式、網站、行銷素材等內容，進行在地化處理。比納齊告訴我，該公司每年需要翻譯大約一百萬字，其中大部分內容是某種形式的產品描述。

她表示，Lilt 的技術和方法都非常適合用來翻譯產品描述。這項工作通常很大量，而且有很多重複的內容，Lilt 則可以學習和存取以前的內容。產品描述的創意成分不高，但必須準確又清楚。

比納齊很滿意 Lilt 翻譯的速度和準確性。Lilt 幫亞瑟士數位解決的主要問題是翻譯速度。產品描述通常需要非常快速的處理，而傳統的人工翻譯或機器翻譯，都做不到這一點，因為兩者都需要譯後編輯且非常耗時。她喜歡 Lilt 把翻譯和編輯兩個步驟合而為一的做法，因此只需要一個快速審閱的步驟。比納齊也表示，和其他方法相比，Lilt 可以節省大量成本，而且品質水準和純人工翻譯相同。

這種形式的翻譯，顯然是以下多方合作的產物：使用最新 AI 技術的智慧機器、熟悉該技術的譯者、能夠監督流程的專案經理，以及指定和審閱翻譯內容的客戶。機器大大提高了生產力，並降低了語言翻譯的成本，但仍然非常仰賴人類的能力。

我們從這個案例學到的課題

- 即使以機器學習為主的翻譯能力顯著提升，專業的人類譯者人數仍然緩慢成長中。
- 和 AI 系統合作的專業人士，可以用高效、精確、切合時宜以及適當的編輯方式，處理要求很高或不常見的語言翻譯。
- 語言處理 AI 系統，可以透過結合大型公開資料集、產業特定公司資料，以及使用者的特定資料，改善個人使用者或公司選擇如何翻譯單字和片語。

16

賽富時
倫理 AI 實踐的架構師

2016 年 10 月，賽富時創辦人兼執行長馬克‧貝尼奧夫（Marc Benioff）告知內部員工、客戶和投資人，賽富時將成為一家 AI 公司。那一年稍早前，微軟透過 X（前身為 Twitter）帳號，推出研究型聊天機器人專案——Tay（意思是「想你」，Thinking about you）。僅僅發布十六個小時，微軟就關閉了 Tay，因為它開始模仿其他推特用戶的故意攻擊行為，而微軟並沒有訓練該機器人避免發生這種事。

由於賽富時對聊天機器人有興趣，當時擔任使用者主任研究員的凱西‧巴克斯特（Kathy Baxter），開始研究 Tay 為什麼會發生攻擊事件，以及如何避免 AI 系統出現不當行為。2017 年 10 月，當她的職務擴展到使用者研究

架構師時，她已經在公司裡「兼職」當 AI 倫理學家，負責教育同事和 AI 相關的倫理議題，並指導產品工程團隊如何做好他們的工作。

2018 年 4 月，她在一次研究會議見到賽富時前科學長理查‧索赫爾（Richard Socher），並和他談到自己和公司的愛因斯坦團隊（賽富時在其產品裡的 AI 品牌），進行的倫理 AI 工作。索赫爾喜歡巴克斯特的投入，並問她是否考慮過全職從事倫理工作。她沒有想過這樣做，所以索赫爾建議她考慮一下。於是，巴克斯特為全職 AI 倫理職務撰寫了 V2MOM 聲明：願景（vision）、價值觀（values）、使命（mission）、障礙（obstacles），以及措施（measures），並向索赫爾進行簡報，索赫爾同意這個工作是必要的。然後他去找貝尼奧夫，建議他設立這個新職位，執行長也同意了。

2018 年 8 月，巴克斯特開始擔任全職的倫理 AI 實踐架構師。凱西‧巴克斯特在 1998 年開始她的職涯，擔任易用性和使用者體驗工程師。她回憶：「我在大學讀的是應用心理學和人因工程，這個經歷讓我做好準備把人和技術予以結合。」她的正規教育和先前的工作經驗，讓她抓住賽富時給她的機會，讓她可以定義、展示，並擴大 AI 倫理實踐的範圍。

架構師的 AI 倫理實踐

擔任新職務之初，巴克斯特花了很多時間在公司內部宣導。她在全公司的技術演講中，談到倫理 AI 實踐的重要和必要。她指出，「人們會用力點頭並同意這件事的重要性，但之後我看不到他們採取任何後續行動。當我後來問愛因斯坦團隊，他們開發產品對倫理流程的需求時，他們會回覆我：『那個對我們不適用。我們正在做的是銷售預測，而不是臉部辨識或假釋建議。』」巴克斯特想到在早期，「我第一個成果是建立起五項可信賴的 AI 原則，也就是 AI 必須負責、當責、透明、賦權以及包容。從個人貢獻者到馬克・貝尼奧夫，他們都支持這些原則。公司發布一份章程，詳細說明如何將這些原則付諸實踐。」

她意識到，為了說服人們採取行動，自己必須在特定產品、特定類型的預測，以及特定的應用情境背景下，將倫理 AI 的含義高度脈絡化，然後人們就會懂那是什麼。透過特定的情境，人們會意識到「這就是為什麼我應該關心倫理 AI」，以及「這就是我應該怎麼做不一樣的事情」。

在巴克斯特和她的倫理 AI 實踐隊友夫・施萊辛格（Yoav Schlesinger）的指導下，告訴員工如何把倫理 AI 的

意義和影響，套用到特定的工作環境中。她指出：「員工們開始看到自己可以做些什麼，來解決倫理 AI 的問題。」

有些賽富時最大的企業客戶，愈來愈要求巴克斯特和施萊辛格指導它們，如何在自己的組織內推廣實踐倫理 AI。例如，有家大公司的資訊長，請她協助向該公司的執行團隊，提出建立倫理 AI 團隊的例子。她幫助那位資訊長了解欠缺實踐倫理 AI，可能會損害並降低該公司的品牌聲譽。她也指導從事這類工作所需的技能，以及如何找到並面試這個領域少數有經驗的人。

她把自己的工作性質，與過去四十年來企業應對網路安全需求的演變進行比較。她說：「如今，AI 倫理的概念和實踐，類似業界在 1980 年代對網路安全的理解程度，當時網路安全實踐尚未發展到現在的水準。」

擴大倫理 AI 的影響

賽富時的 AI 倫理網站，將公司在這個領域的努力總結如下：「我們為員工、客戶和合作夥伴提供工具，以負責任、確實和合乎倫理的方式，開發和使用 AI。」雖然團隊有新員工加入，規模也逐漸擴大，但該團隊的整體

規模仍小。巴克斯特和她的同事施萊辛格全職投入這項工作。因此，他們需要一個策略放大他們的成果，並在公司的內部和外部客戶群中，傳播他們的影響力。

他們透過三個機制實現這個目標：

1. **參與**：有系統地把觸角延伸到賽富時的員工身上，包括新進員工和現有員工。
2. **諮商**：扮演產品和資料科學團隊的專家顧問角色，以實際的方式辨別和解決與專案相關的倫理議題。
3. **採用**：確認公司內部支援倫理 AI 實踐所使用的方法和做法，並推動賽富時的團隊和員工採用。

如何教 AI 人類社會的倫理？

相對於第一種機制，凱西評論：「為了擴大規模，公司裡的每個人都要有倫理心態。每個員工都必須了解『我對實踐倫理 AI 的責任是什麼』。我們必須向公司的每個人以及客戶群，宣導這件事的責任感。」在每兩週的新進員工到職訓練裡，都會有一小段時間專門討論倫理和人道使用科技的主題，包括 AI 及其實踐。此外，賽富時還

成立了小型訓練模組，例如「負責任地創造 AI」以及「設計倫理」，大家可以透過公司的 Trailhead 學習平臺，在公司內部和公開取得這些模組。內部員工還有額外的訓練模組，例如「倫理與人道使用科技」，以及公司的「可信任 AI 章程」。

　　賽富時的 AI 倫理網頁上，還有其他宣傳材料，包括針對該公司那五條可信賴的 AI 原則解釋，以及與倫理 AI 議題和實踐相關的部落格文章。在賽富時其他可以公開查看的內容裡，巴克斯特、施萊辛格和同事發表了一些文章，主題包括負責任的 AI 行銷、聊天機器人設計，以及 COVID-19 疫情相關的復工解決方案和疫苗管理，如何使用 AI 的倫理問題。

　　巴克斯特和施萊辛格擴大影響力的第二種方式，是擔任賽富時的產品和資料科學團隊的顧問。這些團隊向他們提出這樣的問題：「我們如何評估自己使用的訓練資料以及模型，其偏差程度為何？」這個問題沒有明確或簡單的答案。對於每一種特定情況，巴克斯特和施萊辛格會幫助團隊更妥善地理解他們使用的資料集，以及根據這些資料訓練出來的模型，所牽涉的偏差性質和程度。例如，巴克斯特指出，用來訓練影像辨識演算法的照片裡，和烹飪、購物和洗衣相關的照片，女性多於男性。而包含駕駛、

射擊和教練的照片裡，男性則多於女性。

　　這些團隊還提出如何讓 AI 模型更加可以解釋、透明或稽核的問題。巴克斯特和施萊辛格，會向賽富時的工程師和產品人員提供內部和外部資源，幫助他們解決特定問題和需求。

　　他們加大努力的第三種方式，是建立經明確定義且外部驗證的方法和實踐，以支援整個公司與倫理 AI 相關的決策。這樣做有助於他們強化能力，支援內部產品、資料科學團隊以及客戶愈來愈多的請求協助。巴克斯特和施萊辛格，一直在尋找賽富時可以使用的倫理 AI 實踐方法。

　　此外，他們及時了解有關該主題的學術著作。由於巴克斯特在賽富時的角色，加上她常參與國際社群，因此人們經常邀請她，在外部論壇上就 AI 的道德問題發表演講。參與這些活動讓她了解其他組織如何因應 AI 倫理挑戰，有時候她會因此找到可以帶回賽富時並繼續發展的方法和實踐。

使用「模型卡」，降低客戶使用門檻

　　賽富時採用的一種外部方法是使用「模型卡」（model

cards），這是 Google 發明的方法，用於記錄機器學習模型和相關訓練資料集的性能特徵，以鼓勵透明的模型報告。2020 年 7 月，Google 在其 AI 部落格刊登了一篇文章。Google 研究人員解釋，模型卡「提供了一個結構化的框架，用來報告機器學習模型的來源、使用和倫理評估，並詳細說明模型的建議用途和限制，讓開發人員、監管機構和下游用戶都能受益。」

施萊辛格在其一篇探討模型卡的賽富時部落格文章中解釋：「模型卡的目的是把文件程序標準化，以說明訓練有素的機器學習和 AI 模型的性能特徵。你可以把它們想成營養標示，目的是告訴我們模型如何運作的關鍵資訊，包括輸入、輸出、模型最佳運作條件，以及使用時的倫理考量。」施萊辛格想讓員工了解模型卡，並讓產品開發和資料科學團隊使用這個方法。

賽富時的企業承諾之一，是讓 AI 模型盡可能透明，因此該公司公開了愈來愈多的模型卡文件，讓公司的客戶群和大眾能夠更廣泛地取得這些文件。巴克斯特自豪地說，她和同事一直在做的，是在整個公司推廣使用模型卡，這種做法對於指導產品團隊「愛因斯坦發現」（Einstein Discovery），在產品中推出模型卡產生器上，發揮了重要作用。「它讓我們的客戶只需要點擊一個按

鈕，就可以為自己的模型建立模型卡，這樣一來，我們的客戶就可以對他們的客戶保持透明。」

巴克斯特總結：「關鍵是讓我們賽富時的倫理 AI 實踐方法具體化，並且高度情境化，以適應每個特定的業務功能、每個獨特的應用程式，甚至特定國家的規定。同時符合賽富時倫理實踐的方式，來做到這一點。」

無論是在企業、政府和非營利組織，像巴克斯特和施萊辛格這樣的人依然很少，但正在迅速成長。展望這類工作的前景，巴克斯特觀察到說：「根據過去幾年，申請我們團隊實習的學生人數來看，我相信我們會看到很多人進入這個領域。隨著 AI 監管和客戶愈來愈需要負責任的技術，我們會看到愈來愈多公司建立像我們這樣的團隊。目前，對此類工作的需求，遠遠超過擁有相關知識和經驗的人才供給。」

我們從這個案例學到的課題

- 某些情況下，和 AI 一起工作並不需要使用實際的技術，而是為了減輕 AI 對組織、客戶和社會的不良影響。
- 大型組織裡的小型 AI 倫理團隊，不只是傳播倫理觀點，

它還可以藉由系統化的擴展、提供高度情境化的建議、治理框架和模型卡等實用工具，擴大其影響力。

- 推動組織裡以倫理和負責的方式使用 AI，是一個快速成長的新職務，不過從業人員的人數依然很少。

17

Miiskin

AI 輔助皮膚成像，
醫師更能專注於複雜案例

　　安德魯・韋恩斯坦（Andrew Weinstein）博士，是佛羅里達州波因頓海灘（Boynton Beach）的皮膚科醫生。佛羅里達州發生皮膚癌的機率相對較高，並不讓人意外。但就全年陽光充足的地方來說，佛州發生皮膚癌的機率可能沒有大家想的那麼高。韋恩斯坦博士和佛州其他皮膚科醫生的努力，可能降低了該州人口裡三種主要皮膚癌的發生率：基底細胞癌（basal cell carcinoma）、鱗狀上皮細胞瘤（squamous cell carcinoma），以及黑色素瘤（melanoma）。

　　韋恩斯坦醫師大部分的工作，是檢查患者是否有光化性角化症（actinic keratoses）並加以治療，或因暴露在陽光下而導致的皮膚病變，這些病變可能發展成更致命的鱗狀上皮細胞瘤。但韋恩斯坦博士需要有人幫他協助病患

對抗皮膚癌。他每年通常只會看到病患一次或少於一次，因此他無法觀察他們的皮膚，並注意病變是否隨著時間發生任何變化。在 COVID-19 流行期間，他多次遠距進行皮膚科看診，但看診次數也不是很頻繁，而且影像效果不佳。韋恩斯坦醫生無法人在辦公室裡，看到皮膚病變的所有細節。

Miiskin：皮膚科影像平臺

當韋恩斯坦博士在美國皮膚病學會（American Academy of Dermatology）會議上，見到 Miiskin 執行長兼創辦人喬恩‧佛里斯（Jon Friis）時，他很興奮。Miiskin 是一個影像平臺，目的是幫助病患和皮膚科醫生監測皮膚病變的變化。佛里斯在丹麥成立這家公司，當時他發現他的女朋友有很多痣，這是典型丹麥金髮女性常有的現象。她是黑色素瘤的高風險族群，因此應該受到皮膚科醫生的密切監測。

佛里斯是具有數學學術背景的連續科技創業家（serial tech entrepreneur），他認為自己可以開發工具幫助女朋友，讓病人在家中監測自己的皮膚，並和皮膚科醫生分享

皮膚異常或其他問題。他讀了很多如何利用 AI 辨識潛在皮膚癌問題的文獻，以及對這些問題的診斷內容。他認為診斷是過於複雜、難以解決的問題。假陽性和假陰性的機率很高，而且診斷測試也有監管核可的問題。

他總結，最好的方法是對身體定期拍攝高品質的照片，運用 AI 幫助患者辨識潛在有問題的區域，並把照片發送給皮膚科醫生，以協助醫生做出醫療決策。佛里斯評論：「很明顯地，**真正的價值在於密切關注皮膚問題區域並找到變化**，但要發現皮膚的變化並非易事。協助臨床醫生做決策，似乎是正確的目標。」

患者可以用 Miiskin 皮膚影像應用程式，在自己家中保有隱私地產生四張調查照片。透過 AI 結合擴增實境（augmented reality, AR），該應用程式可以掃描鏡頭前的人，並以語音提示此對象該如何移動身體，以便為每張智慧型手機調查照片，建立高品質影像。系統會把這些照片上傳到 Miiskin 的雲端，其深度學習 AI 演算法會在所有病變或皮膚狀況有顯著變化的周圍，畫出紅色框框，這些變化可能是皮膚癌的前兆。

這種方法建立起一個「皮膚地圖」，患者可以隨時監測自己的皮膚，並和醫生分享他們的發現。如果患者願意，可以移除或增加額外的框框。該應用程式會提醒患

者，要在所選的時間期間拍攝新照片，讓臨床醫生能夠評估皮膚影像和潛在的變化。簡言之，Miiskin 可以支援病患管理自己的皮膚護理過程，並支援皮膚科醫生檢測皮膚狀況的變化。

皮膚科醫生如何與 Miiskin 共事？

在多年的皮膚診療裡，韋恩斯坦醫生一直告訴他的病人，要在家中檢查自己的皮膚。他總是說：「如果有任何問題，打電話給我，然後來找我。」但 Miiskin 可以讓病患更徹底、更有系統地檢查自己的皮膚。它可以產生高品質的圖像，而且不需要助手。該應用程式可以幫助患者辨識，從上次掃描以來，皮膚發生哪些變化，並透過符合《健康保險可攜性與責任法》（HIPAA）標準的新平臺——Miiskin Pro，將影像直接傳給醫生。如果韋恩斯坦醫生檢查影像並發現問題，他的辦公室就會打電話給患者，安排面對面看診。

Miiskin 的圖像，為韋恩斯坦博士帶來的不只是一張快照。如果病患隨著時間進行過多次掃描，醫生可以看到病變的進展。他喜歡 Miiskin 不會想要進行診斷的做法。

他說：「至少就目前而言，皮膚科醫師的診斷做得比機器好。在理想的情況下，也就是有很好的相機和完美的光線，AI 或許可以表現得很好，但這種情況非常少見。醫生真的必須親自看過病人和皮膚的形態。皮膚病學中有三千種不同的疾病狀態，大多數皮膚科醫生都能清楚診斷它們。Miiskin 是一個強化的智慧工具，它和皮膚科醫生合作一起改善患者健康。」

韋恩斯坦醫生不會堅持每位患者都要使用 Miiskin，他覺得自己已經要病人做很多事。但是，他的確對每位黑色素瘤的倖存者（黑色素瘤是最凶猛的一種皮膚癌），以及因其他原因而要注意皮膚變化的患者，還有其他類型的高風險患者，都推薦過這個應用程式。他努力跟上科技發展，但整體來說他並不是早期採用者。他個人的經驗是，在皮膚病學的領域裡，許多新技術最後無法在現實世界、非理想條件下實際發揮作用。Miiskin 想達成的事屬於合理範圍，這是他接受這項計劃的關鍵。

他不會說自己是 AI 專家、知道 AI 會帶來什麼，但他確實認為 AI 會對皮膚科和其他醫學領域帶來一些影響。他說：「這種影響會更快出現在放射科，因為放射師不會直接看到病患本人。」他認為，皮膚科會更受到遺傳學和分子生物學的影響。「將來我們能夠快速了解黑色素

瘤的基因組成，並據此提供不同的治療方法，」他如此預測。

採用 Miiskin

韋恩斯坦醫師並不是唯一採用 Miiskin 治療患者的臨床醫生。佛里斯表示，全球有超過一百六十家醫院和診所推薦使用 Miiskin，它是唯一以病人為導向、以及廣泛採用皮膚癌檢測支援技術。該應用程式已經獲得英國國民保健署（National Health Service）的批准，並且可以在美國銷售。迄今為止，用來為皮膚拍照的 Miiskin 應用程式，在全球下載量已經超過五十萬次，其中美國的下載量為十五萬次。

佛里斯把皮膚癌護理，拿來和全自動駕駛汽車做比喻：「每個人都對自動診斷，以及在各種情況下都可自動駕駛的汽車，感到非常興奮又期待。但**事實證明，這兩個問題都非常難處理，需要很長時間才能解決。**我希望今天就有可以用的東西來幫助人們。」

事實證明，韋恩斯坦博士和他許多患者也是如此。

我們從這個案例學到的課題

- 不要企圖包山包海，要對你的 AI 系統有合理的期待，這樣做也許是讓相關專業人士願意接受它的一個重要因素。

- AI 開發人員必須敏銳地意識到，在特定領域裡，AI 的評估和預測有其局限性，並比較 AI 功能與相應的人類能力。這樣做，可以引導開發人員如何實際設計 AI，讓他們開發出最能支援領域專家的東西。

- AI 系統偵測影像資料的變化，並突顯和注解這些變化是很重要的能力，可以為該領域專家提供強而有力的支援。

18

好醫生科技
實現家家戶戶都有好醫生

　　位於印尼的好醫生科技（Good Doctor Technology, GDT），在亞洲三大巨頭聯手之下成立，它們分別是中國的平安好醫生（Ping An Good Doctor）、東南亞行動叫車公司 Grab，以及日本的軟銀（SoftBank）。平安好醫生是中國使用人數與涵蓋區域最廣的遠距醫療應用程式。目前，其每月活躍用戶超過七千兩百六十萬人，註冊使用者超過四億人，是全球最廣泛使用的遠距醫療平臺。該專有軟體平臺採用「行動醫療＋AI 技術」，支援全職的醫療團隊，共約兩千兩百多名醫生與相關的健康專業人員。

　　它透過線上諮詢（平均每天超過九十萬三千人次）、轉診、掛號、線上購藥和送貨等方式，提供全年無休的醫療服務。平安好醫生是由總部位於深圳的大型金融服務公

司「中國平安」發展，並在 2018 年成為獨立公司，首次公開募股。

Grab 是東南亞第一家估值超過 100 億美元的新創公司，是該地區領先的「超級應用程式」，在全球提供叫車、送貨（包括食品、包裹、雜貨）、行動支付和金融服務等日常服務。超過九百萬人以司機、送貨合作夥伴、商家或代理商的身分，在 Grab 平臺賺錢，並超過 2.14 億人下載了該應用程式。

軟銀集團是日本的跨國企業集團，投資許多科技、能源和金融公司，同時營運全球最大的科技創投基金「願景基金」（Vision Fund）。

軟銀先前曾投資平安好醫生和 Grab，最近又投資了合資公司好醫生科技。好醫生科技一開始只對印尼客戶提供服務，並在新加坡設立區域企業總部。該服務在 2019 年 10 月，第一次向雅加達的 Grab 使用者進行搶鮮版測試（beta testing），名為「Grab 健康」（Grab Health），並在同年 12 月正式在雅加達推出。現在，你可以在印尼更多城市和鄉村使用 Grab 健康。

印尼 Grab 應用程式裡的 Grab 健康，背後是好醫生科技，以及它為行動用戶提供的健康服務技術平臺。好醫生科技的背後，則是平安好醫生公司及其完善的線上平臺、

強大的 AI 和技術能力，以及深厚的用戶體驗。雖然，平安好醫生是中國最多人使用、最全面、最先進的行動醫療平臺，但該平臺的在地化過程複雜且耗時。軟體的 AI 功能必須在新的語言和環境下加以訓練，並且必須在當地建立醫療人員團隊，才能和 AI 支援的平臺合作諮詢。當好醫生科技部署到任何一個國家，其在地化工作必須和外部衛生保健服務供應者和藥房，建立起關係的生態系統。

好醫生科技平臺如何運作？

好醫生科技平臺由兩個主要系統組成，一個是醫生的前台系統，用來處理病患所有諮詢，稱為醫生工作臺，患者透過手機和聊天介面功能與該系統互動。另一個是連接藥局合作夥伴的後台系統，將處方資訊傳給藥局，而藥局則和 Grab 平臺整合，會安排司機取得和遞送處方藥物或補充劑給病患。

為了擴張國際市場，中國平安好醫生平臺團隊打造了英文版的聊天機器人。印尼好醫生科技團隊就從這個版本開始，建立印尼語版本，將印尼當地的詞彙用法、描述症狀的方式以及日常表達，連接平安好醫生平臺裡已存在的

大量醫療症狀資料庫。

他們透過聊天機器人的介面進行好醫生科技諮詢，首要任務是確定患者目的。患者是否確實需要醫療諮詢，或者患者是否出於其他原因，例如，維生素促銷，或為了得到一般健康資訊等，而向醫生尋求幫助。快速確認哪些人需要實際的醫療諮詢很重要，因為支援人員和智慧平臺可以處理非醫療請求。AI支援的聊天機器人，會透過一系列問題和答案與患者互動，做出初步判斷。好醫生科技營運長解釋：「好醫生科技聊天機器人的角色和身分類似護理師，護理師會和病患進行預篩訪談，為醫生後續的訪談做好準備。」好醫生科技平臺，可以同時判斷數百至數千名病患的目的。

第二步則是辨識症狀，並找出可能與症狀相應的臨床路徑，即可能導致該患者出現特定症狀的原因。好醫生科技醫生工作臺的聊天機器人，其AI自然語言處理系統，會建議患者先回答一組過濾式問題，然後根據患者輸入的文字提出後續問題。在長時間密集進行在地化和AI演算法訓練的期間，好醫生科技的醫生會檢視聊天機器人提出的每個問題，並根據需要加以修改。修改過的問題會回饋給系統的自然語言處理演算法，因此，系統在理解本地回覆時會變得更加準確。

線上互動一開始，就要進行重要的檢傷分類以評估症狀，醫生必須藉助好醫生科技平臺，迅速確認某個特定諮詢，是否屬於標準且簡單的狀況（這類狀況占所有諮詢的80％至90％）、緊急情況，或者是更複雜但非緊急情況。他們會快速處理緊急情況，並立即轉到適當的實體設施，親自進行必要的治療。

先和 AI 聊，加速對焦問題

對於標準的簡單情況和更複雜的非緊急情況，患者和好醫生科技平臺、人類醫生之間，會透過聊天機器人的協助繼續對話。在好醫生科技醫生的指導和監督下，自動化的醫生工作臺會繼續透過聊天機器人向患者提出問題，並使用其 AI 功能，以及來自中國和印尼的大型經驗資料庫，預測患者最有可能的臨床路徑。然而，這部分也需要進行細緻的在地化處理，因為有些疾病例如登革熱，在印尼很常見，但在中國卻不常見。反之亦然。

諮詢過程的第三步，根據患者的症狀表現和描述，具體診斷出患者的醫療狀況。印尼的法律要求，只有合格的醫生才能診斷。平臺最後想要做到的目標，是由好醫生科

技的醫生檢視醫生工作臺系統自動產生的診斷預測清單，
這份清單是系統根據以前病例，計算出來的機率，並按機
率從高到低的順序顯示，再由醫生做出最後的診斷決定。

　　由於 AI 諮詢支援系統持續處於學習狀態，有時會遇
到不熟悉的症狀和疾病，因此不可避免會做出一些不正確
的預測。但即使如此，將預測診斷的可能性按順序列出，
最後還是為人類醫生帶來很大幫助。該平臺靠數據列出的
建議清單，可以幫醫生系統化考慮一系列可能性。

　　諮詢過程的第四步，也是最後一步──擬定治療計
劃。這包括指定處方藥和非處方的補充藥劑，並為患者提
供有關其狀況、藥物和治療計劃的教育材料。這部分可能
還包括轉診到專科診所或醫院。同樣地，印尼法律要求
所有處方箋必須由合格的醫生開立。一旦醫生有了最後
診斷，系統就會依其主藥物庫資料庫（Master Drug Bank
Database），診斷和建議與具體情況相應的藥物。醫生會
檢視系統的建議，確認最後要選哪一種藥物。該系統還可
以確認藥物的適當劑量，並篩檢對患者潛在有害藥物的相
互作用。

　　好醫生科技在印尼各地建立了藥局網絡，從大型區
域和全國連鎖藥局，到非常小的社區或鄉村供應商都有，
這些網絡和好醫生科技平臺的後台處方管理系統相連。

藥物會放在特殊防竄改的袋子裡，以便安全地交給患者。此外，它們也有特殊方法，可以確認領取和遞送處方箋的 Grab 司機，並驗證藥物最後如何交付給病患。

好醫生技術背後的醫生

楊切（Chet Yong，音譯）博士是新加坡人，現任好醫生科技東南亞的營運長。他曾在新加坡私人醫療保健系統，以及兩家不同的醫療保健公司工作，擔任執業醫生和醫療服務資深管理人員。他還在一家諮詢公司工作了幾年，領導該公司在東南亞的醫療保健諮詢產業。楊切解釋了他參與好醫生科技的動機：

醫療保健有一個所謂的「不可能的鐵三角」（Iron Triangle），即我們無法讓醫療服務同時滿足可用性、低成本和高品質這三個條件，主要是因為提供醫療保健服務需要實體機構。我發現好醫生科技，主要是在實體機構治療之前和之後提供醫療保健服務，而不是在機構內提供醫療保健服務。我意識到這種做法，可能會打破我的家鄉在醫療保健領域不可能的鐵三角。在東南亞大

部分的地區裡，醫生永遠不夠多，尤其是在大城市以外的地區。由於很缺醫生，好醫生科技因此有潛力讓更多人取得醫療服務。

事實證明，楊切在新加坡擔任醫生的經驗，有助於他幫好醫生科技制定監管細節。他是生物醫學和健康標準委員會（Biomedical and Health Standards Committee, BHSC）的現任常務主席，該委員會負責監督新加坡工作小組，而工作小組負責制定從藥房遞送藥物到患者家門口的規定和標準，並把它當作制定標準的基礎。為了向患者遞送藥物，Grab 使用了已臻完善的取貨和具時效性的配送流程。Grab 的平臺也會處理好醫生科技在印尼的付款。

瓦萬．哈里馬萬（Wawan Harimawan）博士，是印尼好醫生科技的醫療情報專案經理。瓦萬曾經管理印尼棉蘭（Medan）低收入家庭的健康提升專案，並為該地區的醫學院學生授課。他是雅加達一位知名醫學研究員的研究助理，因此接觸和老年健康狀況相關的數據分析和統計預測。身為曾在不同的醫療機構治療多種類型患者的醫生，他親身體驗到印尼不同社經地位的人們，能夠取得的醫療保健品質和可用性有多大差異。

哈里馬萬也曾經在醫院工作，同時在好醫生科技擔

任醫療顧問，並建立線上諮詢平臺。2019 年 11 月，哈里馬萬開始在好醫生科技線上平臺接受患者諮詢，前六個月就有四千六百名病患向他諮詢。他還協助製作在地化的醫療健康宣傳內容，指導改善線上諮詢和後續互動的工作流程。

2020 年 3 月，哈里馬萬成為好醫生科技的全職醫療智慧專案經理，繼續帶領本地化的工作，以及持續訓練 AI 演算法。他還和醫療管理團隊共同監督一百多位醫生和其他全職醫務人員，使用該平臺進行線上諮詢的到職和訓練。當他轉為全職工作時，COVID-19 開始在雅加達和印尼其他地區傳播，於是他的職責擴大到調整該平臺的當地版本，並且支援工作流程以應對這場大流行。雖然，COVID-19 為好醫生科技新創團隊帶來意料之外的挑戰，但也創造了機會。有更多人因疫情而願意在網路上尋求醫療諮詢，因為大家擔心如果前往最近的診所會感染肺炎。

使用好醫生科技平臺諮詢的影響

哈里馬萬觀察到，「由於通車時間和成本的障礙，所以除非情況嚴重或緊急，否則許多中低收入的印尼人

不會去看醫生。」他表示，好醫生科技的辦法「解決了難以取得醫療服務，以及擔心諮詢費用過高的挑戰。」

好醫生科技的方法還提高了醫生的工作效率，醫生若使用 AI 驅動的醫生工作臺從事線上諮詢，可以把 70％到 80％的工作時間用來諮詢，而非處理診所的管理工作和非醫療支援的工作。該系統會自動處理資料輸入、資料蒐集、付款，以及其他管理和工作流程的任務。此外，醫生可以同時為多個患者提供諮詢。其他健康照護服務的遞送生態系統，也提高了生產力。例如，好醫生科技諮詢中的「資格預審和審查」，有助減少在醫療機構的人數，這些人其實不需要真的待在醫療機構裡，因此可以讓已經超負荷的實體機構，能夠更有效地利用其時間和資源。

好醫生科技的未來方向

由於將平臺本地化的過程十分複雜又耗時，因此，好醫生科技計劃一次只在一個國家進行本地化。泰國將是它們下一個對象。它們也計劃改善印尼和其他東南亞國家的好醫生科技系統。楊切運用他的 5C 概念架構──諮詢（consultation）、商業（commerce）、內容（content）、

持續關懷（continuous care）和社區（community）——來解釋好醫生科技的整體方向。

就諮詢而言，印尼的好醫生科技平臺，在第一步確認患者的醫療和非醫療目的上，已經做得非常出色。該公司將繼續改善醫生工作臺及其聊天機器人介面的功能，以便在接下來的三個步驟裡支援醫生。它還在改善好醫生科技的醫生將患者轉診到專科醫生或醫院後，相關的追蹤流程。好醫生科技有一個特殊版本的應用程式，可供合作的專科醫生和醫院使用，以便好醫生科技能夠在病患於實體機構接受治療後加以追蹤。此外，好醫生科技將考慮增加視訊作為付費服務。這樣做不僅對印尼有幫助，而且對其他東南亞國家也有幫助，例如新加坡，因為根據新加坡政府的標準，遠距諮詢必須以視訊進行。

在內容方面，好醫生科技已經製作愈來愈多的教育素材來支援諮詢過程，但同時計劃要做更多事情。好醫生科技聊天機器人也收到愈來愈多健康資訊的詢問，例如避免或治療 COVID-19 的策略。

在商業方面，好醫生科技平臺已經可以讓醫生開立處方箋，並且執行藥物處方箋以及其他保健品的訂單。但是，好醫生科技計劃擴大產品範圍，以滿足醫療需求和整體福祉。

實現每個家庭都有一位「好醫生」

　　為了持續照護，人們不斷改善慢性病的居家監測設備，而且設備也變得更便宜。這些設備將強化好醫生科技的能力，讓該平臺像醫生一樣能夠為這類疾病提供諮詢支援的能力。楊切指出，好醫生科技聘請了專科醫生擔任臨床計劃總監，讓服務範圍擴大到慢性病護理的線上諮詢和轉診業務。

　　最後是社區，這部分涉及增加平臺的社交功能，讓有類似醫療保健狀況和需求者能夠彼此聯繫，分享經驗和資訊，並討論他們透過平臺所得到的教育資訊。印尼和其他東南亞國家，也有其他和健康福祉相關的線上社群，但楊切認為透過整合所有 5C 元素，好醫生科技平臺社群可以提供其他健康資訊提供者難以媲美且豐富的一站式服務。

　　展望未來，楊切計劃繼續利用 5C 架構，在印尼擴展和好醫生科技相關的醫療保健服務生態系，在泰國建立好醫生科技，最後拓展到其他東南亞國家。哈里馬萬將繼續監督好醫生科技平臺，在印尼的在地化和訓練。他也將和中國平安好醫生團隊以及印尼的員工合作，將在地化版本的新特性和功能，部署到醫生的工作臺系統中。他還將繼續訓練和監督加入好醫生科技的新醫生。

他們將共同努力，證明透過對 AI 數位轉型採取負責和創新方法，確實能夠同時改善初級的醫療保健，以及專科醫生諮詢的可近性、成本和品質。透過這樣做，它們可以對東南亞乃至其他地區的資源消耗和醫療資源的生產力，帶來積極的影響。

我們從這個案例學到的課題

- 以 AI 技術運作的遠距醫療系統，已在中國普遍應用，並對社會產生大規模影響。
- 針對特定國家的語言和專業知識的 AI 系統進行本地化，是非常耗費人力的勞力密集過程，需要花費數年時間。
- AI 可以在醫療保健發揮重要的分流作用，類似護理師或醫生的助理。
- 使用 AI 支援的遠距醫療，將大大改善醫療保健的可近性，提高臨床醫生的工作效率，並有助於降低提供醫療保健服務的成本。

19

奧斯勒工作
法律服務的轉型現場

　　娜塔莉·蒙羅（Natalie Munroe），不太符合人們對於加拿大大型律師事務所資深律師的想像。不過，她也許符合典型的律師背景：在加拿大讀法律，後來在美國一家大型律師事務所工作，接著任職於加拿大大型銀行的法務部門，並在加拿大大型商務律師事務所——奧斯勒哈斯金與哈考特律師事務所（Osler, Hoskin, and Harcourt LLP）工作多年。身為企業律師的她，擅長的領域並沒有特別不一樣：她為國內外公司提供併購、證券法和一般公司事務的諮詢。

　　但蒙羅並沒有將大多數時間，都花在與加拿大大型公司的法務長進行密切商討，她也沒有花很多時間在法庭上。相反地，她在該公司領導一個叫做「奧斯勒工作－交

易」（Osler Works － Transactional）的團隊。這個名字聽
起來可能不太像法律工作，但確實是在改變人們提供法律
服務的方法。蒙羅和許多企業律師不同，她是一位技術和
流程的創新者。「奧斯勒工作－交易」團隊，已經應用一
系列的技術創新，包括 AI 功能，以全新設計的方式處理
企業的法律交易。

技術創新帶來的高效率

奧斯勒工作－交易（奧斯勒工作的業務之一，其他包
括奧斯勒工作－爭議〔Osler Works － Disputes〕和奧斯勒
工作－人資〔Osler Works － HR〕）的理念，是運用技術
創新加快大量的法律交易流程，並減少人力資源的使用。
這樣做的目標，是為客戶提供高品質和更有效率的服務。
使用技術來協助處理這些交易，表示奧斯勒可以用相同的
員工人數處理更多工作，並擴大業務。

2011 年，該公司成立了「奧斯勒工作－爭議」，專
門從事「電子蒐證」（e-discovery）的工作，也就是用 AI
技術尋找訴訟文件裡的關鍵問題。當這個方法上軌道後，
該公司在 2016 年成立了一個類似的交易業務單位。交易

類型包括合併與收購、企業融資、房地產、特許經營、科技及其他類型的交易。在併購交易中，交易團隊將和奧斯勒律師事務所的併購業務專家一同合作。

雖然，在奧斯勒的所有業務裡，應用創新技術是一個重要的面向，但該公司也致力於流程創新。在交易業務裡，交易團隊把技術應用於流程之前，會先分析流程，以確定最佳工作流程。一開始，交易團隊有顧問協助他們，但現在能夠自己處理。無論是舊流程還是新流程，一旦實施後，他們都會頻繁地測量完成交易所需的時間和成本。在改善和重新設計流程時，都會搭配技術與新人才，也就是找到熟悉人才、流程和技術的鐵三角組合。這樣的組合，通常可以讓盡職調查的工作改善 20％至 80％。專案愈是複雜，改善的程度就愈少。

科技的角色

由於公司需要處理各種不同類型的交易和任務，沒有全面性的平臺可以支援工作，而是採用公司評估並選擇的一組工具，滿足特定目的。負責整合這些工具的人，是為客戶做事的律師、書記員或商業分析師。

其中一個主要工具是 Kira 系統（Kira Systems），這是加拿大 AI 合約審查和分析軟體公司，使用機器學習從合約和其他相關文件裡擷取關鍵資訊，在全球擁有許多客戶。奧斯勒工作—交易主要使用 Kira 系統，協助處理盡職調查的流程，透過從合約和其他法律文件中辨識和擷取內容。對交易進行盡職調查時，處理超過一千份文件的狀況並不罕見，Kira 系統可以針對所有文件進行初步處理。

Kira 軟體可以辨識和擷取文件中各種盡職調查條款，包括了控制權變更、轉讓、獨家權利、授權許可和賠償條款。它也能辨識許多基本的合約條款內容，包括到期日、終止條款、同意要求等。蒙羅描述了他們如何和該系統合作：

先決定我們要看哪一種內容，並據此設定 Kira。Kira 會快速瀏覽所有文件，並從每個文件擷取所需內容。實際上，Kira 會先檢視文件，讓你有可以施力的基礎，然後我們相關議題的專家團隊，會針對這些內容量身訂做客戶所需的資料。最後，這些結果會被納入客戶的盡職調查報告中。當 Kira 擷取內容時，我們必須說明這些內容在說什麼，因為機器做不到這一點。

除了 Kira 之外，奧斯勒工作－交易團隊也使用其他類型的 AI 和自動化技術。它使用文件自動化軟體組合文件，並用正確的數據填入文件變數。有時也會用其他 AI 功能執行任務，例如透過電子蒐證工具分類文件。

蒙羅認為，使用這些技術和其他技術為客戶交易的效果更好，並可為客戶帶來很大的價值。還有一個額外的好處，也就是疫情期間更方便遠距工作。她解釋：「疫情發生時，我們既有的工作流程已經跑得很流暢，多年來我們一直都可以遠距工作。」

蒙羅表示，該團隊一直在注意 AI 發展的市場，她預計未來 AI 的能力會愈來愈強。相關新技術的研究，大部分已由交易業務分析師完成，但該公司還有知識管理和創新團隊密切注意新技術，交易團隊經常與他們合作。

科技無法取代你，還會為你添翼

使用這些技術，改變了奧斯勒為客戶執行法律行為方式的許多面向。例如，員工的組成不太一樣。該公司和大多數律師事務所的律師和律師助理不同，奧斯勒交易部門的工作是由資深律師（有時包括蒙羅）、初級律師、交易

專家和業務分析師一起完成。這種人員組合，在一定程度上降低了勞動成本。領域專家仍然是必要的，但導入技術讓他們的工作更有效率。

奧斯勒之前聘請了許多法學院學生和初級律師，從事交易業務裡的這類工作。蒙羅說，現在他們不再由入門等級的律師來做這件事，而是由經驗豐富、專門從事盡職調查的律師和交易專家進行。交易團隊裡有初級律師，但他們受到監督和訓練，了解如何使用該技術，以及如何將技術應用在不同類型的交易。

蒙羅指出，奧斯勒的初級律師人數並沒有減少，因為公司非常忙碌且不斷發展。法學院學生和初級律師，可以從事不同於工作部門業務處理的法律行為。例如，鼓勵他們從事業務開發活動，而且因為系統處理交易工作的效率很好，於是他們有更多時間從事這些活動。

現在的工作也更有趣了。2000年代中期，蒙羅曾在奧斯勒和紐約一家大公司工作，那時從事盡職調查的工作。她描述當時的工作：「你要去客戶的公司，他們會讓你待在沒有窗戶的房間，裡頭有很多箱的文件要讀。你可能要坐在那裡幾週，才能找完裡面的關鍵詞語。這可不是什麼有趣好玩的工作環境。」

她說，新技術讓工作更快、更省力。例如，使用 Kira

時，人類工作人員會設定分析，然後專門修改 Kira 輸出的內容，這樣做比自己瀏覽許多文件更有趣。

蒙羅表示，雖然這個技術取代了一些人工的任務，但她無法想像在可預見的未來裡，整個流程都能完全自動化。她說，技術供應商目前沒有任何產品，能夠完全做到自動化。目前，人類將和智慧機器一起工作。蒙羅說，他們雇用的所有法學院畢業生都樂於使用科技：「**如果不想運用技術，他們可能就沒有地方可去了**，他們大概知道我們的態度。我們為自己在技術和工作上所做的一切感到自豪，並想讓很多人知道。」

我們從這個案例學到的課題

- 想要有效使用 AI 和相關流程自動化工具，往往需要徹底重新設計工作流程，並用新的方式將熟悉的人員、流程和技術，三者結合在一起。
- 即使後台營運使用了很多 AI 和自動化工具，我們仍需要專業人員決定策略，並向客戶傳達相關脈絡。
- 使用 AI 和其他流程自動化技術，改變了公司專案人員的人力配置，以及安排初級專業人員人力的各個方面。

20

太平洋軸承公司
用於員工訓練的 AI 虛擬現實

提姆・勒克朗（Tim LeCrone）是美國伊利諾州南貝洛伊特（South Beloit）太平洋軸承公司（PBC Linear）的製造工程總監。他遇到一個問題，或者更確切地說，他可能是最接近問題的人。這個問題，也是自 1981 年起擁有這家私人公司的施洛德（Schroeder）家族所面臨的——像太平洋軸承公司這樣的製造商，嚴重欠缺機械師和模具製造商。

太平洋軸承公司擁有伊利諾州北部最大的一家機械工廠，擁有約一百二十名機械師。但它們愈來愈難雇到新員工，而且這個問題不僅出現在伊利諾州北部。2017 年，美國勞工部（US Department of Labor）報告表示，全美有40 萬個使用電腦數值控制（computerized numerical control,

CNC）機床機械師的職缺。目前機械師的年齡中位數是四十五歲，許多人已屆退休年齡。

勒克朗表示，「過去」太平洋軸承公司可以雇用學徒（通常來自高中職業課程），並花四年訓練他們，接著才能成為熟練的工具製造員或機械師。然而，在過去十年，該地區的高中沒有提供這方面的職業課程，有部分原因是它們鼓勵學生讀大學。在太平洋軸承公司工作了二十八年的勒克朗表示，「這讓我們面臨很大的人才缺口。」公司人員的流動率也很高，卻沒有優質的新人才來源。

勒克朗表示，即使確實有機械師可以雇用，但公司也沒有時間訓練個別的工人，而且之前訓練新員工的多數資深人員都已經退休。如果勒克朗要訓練一位新員工使用機器，讓新員工操作一項他不熟悉的任務，他需要四到五星期的時間，一對一指導才能讓新員工在無人監督的情況下操作機器。太平洋軸承公司的軸承零件，每個零件的成本為 200 美元或更多，因此訓練不佳的機械師，很容易就讓價值數千美元的零件報銷。

太平洋軸承公司的老闆羅伯特・施洛德（Robert Schroeder）認為，採用新技術非常重要，最近公司聘請了博・威爾曼（Beau Wileman）管理該公司未來工廠（Factory of the Future）的一項計劃。施洛德看到一篇文章，內容

談到製造業使用擴增實境，並把該文章寄給威爾曼。威爾曼知道公司需要新方法來訓練員工，文章提到一家 Taqtile 公司，正在使用擴增實境訓練製造工人。

Taqtile 和全像透鏡

Taqtile 是總部位於西雅圖的擴增實境開發商，也是微軟全像透鏡中心準備計劃（HoloLens Agency Readiness Program）的七名創始成員之一，該計劃在 2016 年第一次推出智慧型眼鏡 HoloLens 的九個月前啟用。從那時起，Taqtile 就專門開發擴增實境軟體。HoloLens 使用深度學習神經網路等技術，協助將個人化的 3D 模型，貼合到使用者的手上以進行精確跟踪，並使用瞳孔間距測量（即眼睛瞳孔中心之間的距離）來跟踪眼球運動。AI 使得 2019 年推出的 HoloLens 2，能夠在客戶面前精確地顯示全像投影，以便客戶用手和眼睛進行互動和操作。

雖然，許多早期的擴增實境應用程式都以遊戲為主，但 Taqtile 和微軟團隊聯手，他們對大公司第一線的工業工人應用程式很感興趣。Taqtile 執行長兼共同創辦人德克·斯庫（Dirck Schou）評論：「目前，有二十五億非農

業的第一線工人靠雙手勞動，沒有合適的電腦可以用。他們的工作包括研究現場或工作間問題，決定解決什麼問題，然後按照一系列的步驟清單執行。目前還沒有適合這類第一線員工的微軟系統，我們希望填補這個空白。」

Taqtile 有個引人入勝的願景，也就是採用 HoloLens 幫助工業一線工人進行數位轉型。它們的目標是普及專業知識，並讓「每個人都成為專家」。自從該公司提出願景以來，一直致力實施並擴大規模，其方向是如何改變這些公司的工作和學習，同時保護工人的安全。Taqtile 仍然在 HoloLens（現在的 HoloLens 2）做了很多工作。正如斯庫所說，它是「內建在安全眼鏡裡無所不在的數位理解和行動。」但它同樣適用於其他擴增實境的設備，例如 Magic Leap（編按：美國擴增實境公司，主要產品為 Magic Leap One）、iPad 和 Android 手機。

Taqtile 的內容平臺叫做 Manifest。Manifest 是工業工人取得並重複使用知識的企業平臺，為特定任務建立清單項目的工具。Manifest 的程序包括指引、照片、影片、指標之類的東西。如果這樣還無法解決問題，工人還可以利用它即時聯繫專家。

Manifest 可以讓領域專家輕鬆得到特定工業任務的知識。現場專家一開始可能會取得知識，然後工程師會在

Manifest 系統中，對其進行改善、增加更多圖片或更新。接著，現場操作員可以在任何公共或專用網路上，以及完全離線的情況下，取得 Manifest 裡的知識。Manifest 最大的客戶類別是國防工業，但也有製造業的私人客戶，例如太平洋軸承公司。

如何用科學方法解決人力短缺問題？

威爾曼讀完文章後，接洽了 Taqtile，他和一些同事與供應商進行簡短的交談，決定在 2020 年初，在 HoloLens 2 嘗試使用 Manifest。威爾曼說，Taqtile 和擴增實境讓他想起以前玩的電玩遊戲，他認為年輕的員工會認為這種東西很有吸引力。

2020 年 4 月，太平洋軸承公司聘請了 Taqtile 人員來建立一些模板。此後不久，該公司開始自己在 Manifest 裡製作內容。

雖然，勒克朗自認是「老派」的經理，但他對 Taqtile 和擴增實境很有熱忱。他說：「我可以一次又一次地複製自己。」獲取知識的過程，可以讓他經歷一次的訓練過程。一個典型的任務通常有三十到四十個步驟，他大概需

要花六個小時完成。當 Manifest 列出指示，且另一位經理批准後，就可以用它來訓練新員工。在六到七個月的時間裡，太平洋軸承公司建立了大約七十個新模板，而且用模版訓練的效果很好。勒克朗說：「機械師在機器上製造零件時，需要執行很多步驟。對新員工而言，記住任務和操作順序是一件讓人頭皮發麻的事，但 Taqtile 可以減輕使用者的許多壓力。」

　　山姆・阿魯科（Sam Aluko）是該系統的使用者，他是任職太平洋軸承公司的應屆工程畢業生。身為工程師的他，最後學會了自己建立模板，但到目前為止，他一直是使用者。用他的話來說，他正「介於操作員和工程師之間」。他對 Taqtile 的重點運用是了解太平常軸承公司買的新機器，比方該公司最近買了一台熱成型機（thermoforming machine）。熱成型是一種小量製造的流程，加熱塑膠片材直到變得柔韌，然後壓入模具以形成特定的形狀並修剪，獲得最後產品。

　　太平洋軸承公司用熱成型產品當作容器，用於機械加工廠房內部零件的物料搬運。阿魯科表示，一開始他對這台機器以及如何使用一無所知，但 Taqtile 讓他完成這些步驟，並且做出容器。如果一開始不知道某個步驟，他可以回去看一下。他說，按照自己的步調，他的學習速度很

快。阿魯科也運用 Taqtile 了解，如何使用公司買的新型協作機器人。

應屆畢業生也能成為即戰力

提姆‧勒克朗表示，Taqtile 和 Manifest 幫助該公司提高了產品品質。經驗豐富的機械師可以告訴新員工，加工優質產品所需的所有步驟和速成方法，而不用花四年時間當學徒。太平洋軸承公司的操作員可以拍下零件照片，然後把它和說明清單裡的成品零件進行比較，Manifest 很容易就捕捉到零件的視覺線索，並將它應用到系統中。

和改善品質一樣重要的是，Taqtile 在很大程度上幫助太平洋軸承公司解決了人才問題。該公司在當地勞動市場面臨激烈的競爭，由於它擁有 Manifest，因此在人力上具備競爭優勢。新操作員和機械師發現，使用擴增實境進行工作很有趣，而且他們在工作上停留的時間更長了。太平洋軸承公司鼓勵其操作員和工程師，查看大量 Manifest 模版，並了解整個工廠的運作。

博‧威爾曼表示，太平洋軸承公司也開始使用 Taqtile 和 Manifest，支援太平洋軸承公司的客戶。除了提供直線

軸承的產品之外，他們有時還會提供擴增實境耳機（客戶可以購買或租用）以及 Taqtile 的相關訓練。客戶不僅可以學習如何使用設備，還可以開始自行建立擴增實境訓練模組。

Taqtile 的執行長斯庫表示，該公司也開始和把擴增實境當作服務工具的製造商往來。有些人已經在運送 HoloLens 和 Manifest 模板，以及複雜的機械零件。

勒克朗、威爾曼和他們的同事，無法完全確定結合 Taqtile、Manifest 和 HoloLens，就能解決機械師的短缺問題，但他們相信一定有助解決太平洋軸承公司人員不足的問題。他們對這個解決方案很有熱忱，並開始和該地區的其他製造商討論。雖然，他們知道這樣做可能會降低他們吸引當地製造業人才時的競爭優勢，但他們認為，如果能夠協助其他公司找到新人才的方法，對整個地區都有好處。

他們依靠自己的速度和專業知識，建立擴增實境訓練的內容，以保持公司優勢。

我們從這個案例學到的課題

- 利用 AI 擴增實境技術，可以大幅提高實體和機械工作組織傳授知識給他人的效率。
- 擴增實境，是少數可以讓入門工作變得更可行的技術，而不是變得不必要。
- 提供員工擴增實境和其他 AI 相關支援工具，可能是吸引新員工加入組織的重要因素。

21

希捷科技
AI 自動化視覺檢測技術，
削減晶圓和晶圓廠損耗成本

　　希捷科技（Seagate Technology），是價值超過 100 億美元的資料儲存和管理解決方案製造商，它一直是製造業裡少數採用先進 AI 方法的使用者之一。該公司在其工廠擁有大量的感應器資料，並在過去五年裡廣泛使用 AI，以確保和提高其製程品質和效率。[1]

　　希捷的製造分析有一個要點，針對製造磁碟機磁頭的矽晶圓及製造它們的工具，進行自動化視覺檢測。在整個晶圓製造的過程中，從各種工具組裡取得多個影像，在檢測晶圓故障和監控工具組的運作上，這些影像發揮了關鍵作用。由環球晶圓系統（Global Wafer Systems）資深總監斯帝帝·博姆（Sthitie Bom），所領導的工廠控制團隊，利用這些影像提供的資料，建立了自動故障偵測和分類系

統，能夠直接從影像裡偵測和分類晶圓的缺陷。

這些以深度學習演算法為依據的自動瑕疵分類（automatic defect classification, ADC）模型，在 2017 年底首次部署。從那時起，美國和北愛爾蘭晶圓廠的影像偵測規模和能力，大幅成長。希捷科技在檢查勞動力和預防報廢品上，節省了數百萬美元。雖然，該公司已經能夠運用這些系統減少手動檢查的次數，但它們的目標不只是為其他類型的工作騰出檢查的勞動力，還要讓製造流程更有效率。視覺檢測的準確度從幾年前的 50％，到現在已超過 90％。

用 AI 處理焦點分析

每個矽晶片可製造超過十萬個磁頭，每個磁頭的電路線寬度以奈米等級（十億分之一公尺）為單位進行測量。因此，人們必須使用掃描式電子顯微鏡（scanning electron microscopes, SEMs）檢查線路。掃描式電子顯微鏡會把影像放大約 100 萬倍，讓人類和 AI 影像偵測器都可以看到它。

吉姆・尼斯（Jim Ness）是晶圓製程工程組的計量工

程師，他的工作是採用 AI 的深度學習影像偵測模型，掃描磁頭電路的掃描電子顯微鏡影像。他的目標是利用該技術，每天精準監控磁頭製造過程裡，數千張影像的每一張影像品質。檢查到一定程度，人工會偶爾抽檢這些影像，但這個過程既笨拙又不準確。

如果 AI 系統把晶圓上的圖像歸類為不良，就會標記該晶圓，交由良率小組檢查。每個晶圓可能有數百個影像，因此檢查工作勞力十分密集。影像不良可能是因為磁頭電路不良所造成，但也可能是掃描電子顯微鏡失焦造成。尼斯會測量電子顯微鏡的焦點，以確保影像清晰。

模糊的影像和製程品質問題，都對多個晶圓造成影響。在採用這些 AI 工具之前，希捷每個月必須報銷掉一到兩片晶圓，這表示會損失數十萬個磁頭。借助新的 AI 驅動流程後，過去兩年沒有報廢任何晶圓。減少測量誤差，表示製程控制更嚴格，產量計算也更準確。

該方法以 Google 的研究工作為基礎，使用深度學習刪除異常圖像，並判斷圖像的模糊程度。它是由博姆的晶圓系統（Bom's Wafer Systems）團隊，另一位資料科學家凱莉・萊特（Carrie Wright）博士所開發。

尼斯負責將評估影像清晰度的新方法，整合到晶圓系統的製造流程中。他說，從技術的角度來看，這件事並不

容易。多個資訊系統必須將新的分析整合到裡面，並且須將新資料引入系統裡的表格，基本上會牽涉到導入基礎設施的新零件。

然而，這個改變的人為部分沒有遇到困難。使用該數據的人給予好評。「每個人都想要它很久了，」尼斯評論。他開發了一種根據影像銳利度分類，並確定影響關鍵測量銳利度的方法，他能夠迅速說服希捷的員工和客戶相信這樣做很合理。尼斯如此總結這次的改變：「它剔除流程裡人的因素」。過去，若三個人看一張圖像，會得到四種不同的答案，所以要驗證模型非常困難。但現在我們有明確的方法確定影像是否有問題，以及製程中實際的晶圓品質問題。每個人都很喜歡這樣，沒有人想回到以前的舊方法。

尼斯現在正努力尋找焦點分析的漸進步驟，想讓它變得更好。但他認為希捷是第一家採用這種方法的公司，而且該公司將遠遠領先競爭對手。2018 年，希捷以 AI 影像分析，在新興技術類別獲得了泰科尼獎（Tekne Award），該獎項由明尼蘇達州技術協會（Minnesota Technology Association）頒發，目的是表彰突破技術界限的尖端產品或服務。希捷高層很有信心該系統具有附加價值。製程工程與系統副總裁麥特‧強森（Matt Johnson）總結：「把

AI ／機器學習納入關鍵晶圓監控系統，有助於人們更快檢測出問題，減少持續監控這些製程所需的人力資源，並提高運送給下游內部客戶的晶圓品質。」

我們從這個案例學到的課題

- AI 影像分析系統，愈來愈有助於消除或大幅減少大量製造中的人工檢查任務。
- AI 品質評估比人工流程更穩定一致。
- 當肉眼無法輕易查看製造的產品，以及人類無法修復產品缺陷時，AI 檢測系統帶來的價值可能最明顯。

22

史丹佛醫療中心
往無人藥局邁進

　　2019 年 11 月，一直在美國名列前茅的學術醫療中心
——史丹佛醫療中心（Stanford Health Care），搬進了新
的醫院大樓。

　　這家醫院共有七層，占地 82 萬 4 千平方英尺，花了
十多年和 20 億美元進行規劃和建設。大多數人把焦點放
在院中通風的私人病房或最先進的手術室，但以建築技術
來說，最複雜的地方其實是地下室。那裡是醫院的藥局，
藥局有一些最先進的機器人設備，可以儲存、分配和分發
常見藥品。

　　新大樓的藥局大部分的空間由三台機器人設備使用，
它們全部來自同一家製造商瑞仕格（Swisslog）。

機器人藥局如何運作

　　和大家想的不一樣，這是一家義大利公司。其中兩台機器人——BoxPicker，用來大量儲存和檢索藥物。這些大盒子裡面堆疊了抽屜，抽屜裡有多個藥品盒。機械揀藥機在走道上下移動，並取出所需的箱子。盒子裡許多藥物將被運送到病患所在樓層的配藥櫃，這些藥是許多病患可能需要服用的常用處方藥。至於不常開立的處方用藥和大宗藥物，則仍放在 BoxPicker 裡面。BoxPicker 就像藥局的貨架，把藥物遞送給藥技士（technician），並即時記錄庫存資訊。

　　另一台機器人 PillPick，同樣是由瑞仕格製造，它將特定病患一天所需藥物包裝進一個小袋子裡。每個真空袋裡裝有一粒藥片，而且藥片是用吸取的方式從大瓶子裡取出。如果病患需要多種藥物，所有袋子會用一條塑膠環串起，把病患一天所需的所有藥物集中在一起。PillPick 每小時可以包一千包藥品，這個分量在過去需要藥局藥技士每天花四到五小時手動進行。

　　這三台機器人都會自動追蹤庫存，並且每天自動下訂單給醫院合作的藥品批發商。這些機器也和醫院的電子病歷（electronic medical records, EMR）系統——Epic 連線。

史丹佛大學醫療中心是第一家整合 Epic 和瑞仕格系統、全面管理藥品供應鏈的醫院。Epic 管理藥物庫存，也可以訂購病患需要的所有藥物。如果醫生在 Epic 輸入病患用藥，訂單會自動發送到瑞仕格系統，接著訂單會自動送往 BoxPicker 或 PillPick，然後由藥技士或系統自動配藥。如果需要快速送藥，藥局藥技士會把藥品放入醫院的氣動管（pneumatic tube）運送系統裡，以便快速到達病患所在樓層。

工作沒有被取代，反而更專業且重要

該醫院目前有藥劑師七十名，藥技士一百餘名。隨著新院區和系統的設計，他們的工作發生了很大變化。史丹佛大學醫療中心藥局主任迪帕克·西索迪亞（Deepak Sisodiya）解釋：「導入新的藥局管理系統之前，我們在舊大樓裡，藥劑師和藥技士要把大部分的時間，花在幫病患取藥並把藥送到床邊，因此他們可以用來控管品質的時間比較少，尤其是藥劑師、醫生和病患就藥物進行諮詢的時間很少。」

但是在舊流程下，其實更需要把時間花在品質管制。

醫院有條碼系統可以確保病患取得所需藥物，但人工撿藥和包裝藥物會產生更多錯誤。藥劑師會審查每一份藥單——他們現在還是這樣做——但發現更多錯誤，並花更多時間找藥。

該醫院的藥劑師瓊妮·溫（Joanie Wen，音譯），說明品質管制的工作：「我們不再擔心藥包裡的藥是否正確，因為它完全正確，我們完全沒有遇到撿錯藥物的狀況。唯一的問題是，包裝裡有些藥片會黏在一起或破損。我們還是要檢查每個藥單，但這個過程快很多。」

藥技士還是要在負壓的「無塵室」裡準備、配製和標記某些藥物，這些藥物包括靜脈注射藥物、癌症化療藥物和非口服營養品。所有這些藥物都需要在無菌的環境處理，並且在舊院區以類似的方式準備。

隨著新設備和新系統的出現，庫存管理出現巨大的變化。以前都要手動且「猜測」需要訂多少藥。醫院每天會有人花四到五小時檢查藥品架，然後根據經驗下訂單。現在，除非出現故障，否則所有庫存管理和下單任務，都由自動化系統處理，而且更加準確。藥局的主任藥技士弗拉基米爾·赫南德茲（Vladimir Hernandez）表示，他的工作發生了變化：「過去，我們每年只盤點一次，盤點時才知道庫存，但現在可以即時取得這些數據，還可以每個

月執行一些任務。有些藥盒太大，無法放進瑞仕格的系統，所以我們必須手動檢查藥物存量。但在大多數情況下，現在的庫存時間只要印一些報告即可。」

如今，溫和赫南德茲工作時都有時間處理新任務。對溫來說，現在的重點是諮詢，而不是配藥和檢查處方。現在她大部分的時間，都花在一個被戲稱為「客服中心」的地方。那是地下室的幾個小隔間，藥劑師在這裡接聽醫生的電話。史丹佛大學是高度研究型的醫院，因此，醫生經常在 Epic 輸入特殊的劑量或用藥醫囑。但透過 Epic 開立的藥單，可能無法呈現他們想要的東西，所以瓊妮・溫必須和醫生對話，改良病患的配方。如果 Epic 認為醫生開立的藥單不正確，或開立的配方不在系統中，瓊妮・溫也會收到通知。

現在，分發工作基本上是自動化處理，因此瓊妮・溫有更多時間待在「客服中心」工作，回答病人或護理師的問題。瓊妮・溫有一項新任務，每天都要核對麻醉品的交易，以防止不當用途，例如被偷走或未經授權使用。她還有時間參加各種研究試驗，協助團隊招募病患參加試驗、準備藥物和協調配送。該醫院至少正在進行十項試驗，而且每天都在招募病患。

在緊急情況下被「納入」的病患，溫會把各種藥物放

進背包，將藥帶到病患房間立即投藥或配製。她很懷念在臨床樓層分發藥物時，和病人之間面對面互動。現在，大部分的互動是由醫院各部門的專業藥劑師處理。

溫和赫南德茲都比以前更關心科技，而赫南德茲的工作已經演變成技術專家。例如，醫院指派他在病患樓層建置所有 Omnicell（編按：為醫療藥品和供應管理，提供自動化和業務分析軟體解決方案的供應商）的配藥裝置，並把這些裝置和 Epic 與瑞仕格系統連線。他還必須學習庫存管理應用程式。

溫也發現自己需要了解 Epic、Omnicell 和瑞仕格系統。如果她接到醫生或護理師的電話，詢問藥物相關系統問題，她會盡力幫他們解決問題。她不像藥劑師那樣接受過使用這些系統的訓練，但她現在運用這些系統並不難。然而一開始，她說這一切讓她有點難以承受。

邁向完全自主的藥局

史丹佛大學醫療中心藥局服務主管迪帕克・西索迪亞，是全自動藥局（Autonomous Pharmacy）顧問委員會的成員，該產業組織想要敦促醫院藥局走向零錯誤的自

動營運模式。該產業組織定義了自動化藥局的五個等級。等級一是「非自動」藥局;等級二是「有限自動」;等級三是「中度自動」;等級四是「高度自動」;等級五是「完全自動」,意指把藥給病患之前完全沒有人類參與,而且沒有任何錯誤。

西索迪亞認為,史丹佛大學在新的醫院大樓裡採用新系統和流程,朝著實現零錯誤自動化操作邁出重要一步,而且可以說史丹佛大學在五年裡做到了等級三的程度(西索迪亞將自動化程度描述為「走了一半」)。

- 大多數流程都是自動化,並且廣泛採用條碼追蹤。
- 資料都整合在醫院裡,且大部分資料是可見的。
- 藥劑師在某程度上專注於藥物分配,有一部分則直接照顧病患。
- 藥技士主要負責手動採購和管制藥物,護理師則依靠自動化配藥系統。

西索迪亞認為,溫和赫南德茲的角色,已經很接近這個等級的理想。隨著史丹佛大學朝著完全自動化的藥局邁進,他們和同事也將朝著這個方向進一步發展。新醫院開業後不久,就爆發 COVID-19 疫情,因此藥局工作人員

在履行臨床職責上，受到了一定的限制。不過，他相信史丹佛大學將繼續走在尖端，持續改變和改善藥劑師和藥技士照護病患的品質和價值。

我們從這個案例學到的課題

- 透過 AI 和機器人技術，藥劑師的工作得以改善，讓他們從過去以手動配藥和運送病患藥物為主，轉變成主要向醫生、研究人員、護理師和病患，提供諮詢的新角色。
- 透過 AI 和機器人技術，藥技士的工作得以改善，讓他們從過去以手動任務為主，轉變成以支援複雜設備的技術專家為主的新角色。
- AI 可能會讓人們在工作環境中，減少和其他人直接接觸的機會，這樣做雖然可以提高靈活度，但會降低工作滿意度。

23

速食漢堡店
AI 助理炸薯條的同時還能服務客人

　　已故的億萬富翁羅斯‧佩羅（Ross Perot），曾在
1992 年競選美國總統期間表示，美國正逐漸變成「一個
只剩下煎漢堡肉工作的國家」。如果你在網路搜尋「煎漢
堡肉之國」（a nation of burger flippers），就會在媒體上
看到這個詞有數百種用法。有些甚至專門用在其他地區，
例如中國。

　　由於自動化和外國競爭，工人將淪落到只能做準備速
食這種低薪工作。這種想法已經變成一種常見說法。這類
工作的從業人口眾多，根據美國勞工統計局（US Bureau
of Labor Statistics）的報告顯示，美國有超過四百萬名速食
廚師和櫃檯工作人員，不過這個類別的從業人口成長速度
相當緩慢，每年約 1.5％。然而，它是營業額最高的產業

之一，甚至在 COVID-19 疫情大流行之前，年營業額就超過 70%。

　　現在，自動化已經滲透到煎漢堡肉的工作和速食業的其他工作，自動化有望協助降低勞力成本，並解決高流動率的問題。這個發展有重要的象徵意義：當機器人奪走煎漢堡肉國家的工作機會時，這個國家會發生什麼事？

AI 還不會煎漢堡肉？

　　到目前為止，煎漢堡肉的人似乎不擔心機器人。《被科技威脅的未來》作者馬丁・福特，在這本 2015 年出版的書中警告表示，有一家動力機器公司（Momentum Machines）的新創公司，推出製作漢堡（包括蔬菜和調味品）的機器人，這家公司將徹底改變這個產業。該公司現在改名為 Creator，在舊金山開了一家漢堡店，但這家店自 2019 年以來已「暫時關閉」。

　　另一個煎漢堡肉的機器人 Flippy，由速食集團卡利集團（Cali Group）旗下的 Miso Robotics 提供。它由機器人巨頭發那科（Fanuc）株式會社製造，有一隻大手臂以及 3D 和熱成像攝影機（thermal cameras）。卡利集團擁有

漢堡連鎖店——卡利漢堡（Caliburger），試圖和美國西岸最受歡迎的 In-N-Out 漢堡連鎖店競爭。卡利集團總部所在地帕沙第納（Pasadena）的卡利漢堡門市，一度推出 Flippy-flipped 漢堡。

當湯姆 2021 年想參觀該店時，根據該店面網站，它已經關閉並且「正在裝修」。但該網站仍表示，「一旦威脅結束後，我們將恢復正常營運，並再次安全地為你提供服務。」所謂「威脅」可能是指 COVID-19，但至少有一家漢堡連鎖店導入 Flippy，其中有部分原因是為了避免工作人員在疫情期間接觸到食物。白色城堡（White Castle，編按：美國本土連鎖速食店）在 2020 年試點，先在幾家店面配備了 Flippy，並於 2021 年又增加了十家店面。我們聯絡白色城堡討論該公司使用 Flippy 的狀況，但沒有收到對方回覆。

「我們也許雇用太多人了」……

2019 年，加盟商提姆・弗烈德力克（Tim Frederic）在佛羅里達州邁爾斯堡（Fort Myers），開了第一家卡利漢堡餐廳。在簽訂特許經營權協議後，兩台 Flippy 隨之而

來，一台用來烤漢堡，另一台叫做 Flippy Fry，用來烹調油炸食品。他使用 Flippy Fry 機器人的體驗非常好，機器可以用來炸薯條、雞塊和洋蔥圈。

他的餐廳正在嘗試使用 Flippy Grill 機器人煎漢堡肉，但「仍處於學習階段」。他正在克服一些障礙，以便生產更一致的產品。他評論：「有很多程式碼可以讓 Flippy 手臂，以某種移動方式煎漢堡肉，辨識肉在烤架上的位置，以及要把肉放在麵包上哪個位置。目前我的員工必須很注意機器手臂的這些操作，但我相信會愈來愈好。當機器人運作良好時，它的效果很好，但目前我們還是以手動使用烤架為主。」

弗烈德力克說，Flippy Fry 的油炸技術非常出色，機器人不會把食物炸太久，員工也不用注意油炸的過程。員工無需盯著油炸台，而是可以「臉朝著顧客，看著客戶的眼睛」服務他們。他說，油炸台對於員工來說也有安全疑慮，所以讓員工遠離熱油會更安全。

弗烈德力克表示，Flippy Fry 確實為餐廳節省了人力，但他並沒有因為讓 Flippy 煎炸而減少雇用員工。「我們也許雇太多人了，」他說，「而我可以預見將來人員的配置情況會變得不一樣。」他說，「員工使用機器人所需的訓練為零，基本上只要把機器人打開，員工第一天上

班就會使用它。」弗烈德力克說，經理也不用學習任何新事物。他認為，擁有機器人可以讓他雇用到不同程度的員工。他說：「它有一個很酷的地方，可以吸引到對機器人工作有興趣的大學生。」

Flippy 的未來

弗烈德力克計劃在佛羅里達州開更多卡利漢堡店，這些餐廳將包括 Flippy，以及該加盟商獨家使用的訂購系統——kiosk。在這之前，他曾擁有多家速食連鎖店，其中包括幾家麥當勞。他相信 Flippy 或類似的機器人，最後會出現在許多速食店裡。

從一開始開發至今，Flippy 正在學習做更多事情。Miso Robotics 推出了 Flippy「軌道機器人」（robot on a rail, ROAR），這種機器人可以在同一家餐廳執行多項不同任務。據該公司表示，它現在既可以燒烤和煎炸，能夠烹調的菜餚已增加到十九種之多。

白色城堡正在使用 Flippy ROAR，但在宣傳照片裡只顯示機器人在煎炸。[1] Miso Robotics 也發表了一款新型自動飲料販賣機。

至少在美國，勞動力短缺的問題，可能加速速食店採用機器人的速度。根據路透社 2021 年 4 月發表的一篇文章表示：

　　由於新訂單成長強勁，美國服務業活動指標週一飆升到歷史新高，這是人們提高疫苗接種而推動經濟強勁成長的最新跡象。人才招募的速度跟不上發展。美國勞工統計局數據顯示，美國餐飲業三月仍比 2020 年同月，短缺約一百二十萬名員工……麥當勞一位加盟商表示，隨著消費者花掉消費券，銷售額因此激增。然而，該加盟商表示，由於勞動力短缺，有一些麥當勞餐廳可能要到 2021 年下半年，才能重新開業了。根據當地媒體三月底的報導，麥當勞加盟商計劃只在俄亥俄州雇用五千名員工。[2]

我們從這個案例學到的課題

- AI 控制的機器人，開始在速食業裡進行煎漢堡肉和煎炸等低階任務，但即使機器人只用在這些工作，要導入機器人依然不是簡單的事，而且進展緩慢。

- 採用這類技術展現出先進的科技，可能會吸引一些受過高等教育的新員工加入。
- 勞動市場短缺可能會加速在某些產業（例如速食業）採用機器人。更一般來說，勞動力市場的趨勢，會強烈影響採用任務自動化的機器人。

24

FarmWise
耐曬、抗雨淋的數位除草系統

　　傑夫・邁爾斯（Jeff Meyer）每天都在農田裡奔走，拿著連上網路的平板電腦，看著機器人把草除掉，而不是把菜除掉。他曾在北達科他州的農場駕駛拖拉機和卡車，但當他想在加州尋找類似的農業工作時，現任雇主FarmWise（編按：美國農業技術和機器人公司）「馬上就相中我了。」他說：「我很有興趣使用 AI 除草，也很興奮。」

數位除草和 FarmWise

　　市場對於用 AI 輔助除草的需求，正在上升。拜耳（Bayer，編按：德國化學及製藥公司）／孟山都（Monsanto，

編按：拜耳旗下農業生物技術部門）的農達（Roundup）除草劑，直到現在都是想要除草的農民首選，但使用太多會致癌。

　　無論如何，許多種植者和他們的顧客，愈來愈想要有機水果和蔬菜。由於美國最近對移民和邊境管制站的限制，人工摘除雜草的季節性勞動力非常短缺。種植者需要找到新的除草解決方案，而 AI 似乎符合他們的需求。

　　FarmWise 除草解決方案背後的 AI，能夠分辨雜草和農作物。該系統使用深度學習模型，預測機器人攝影機所拍攝到的影像。FarmWise 聯合創辦人塞巴斯蒂安・波伊爾（Sébastien Boyer）解釋，這款機器人（某些人稱為「農業機器人」〔agbot〕），在田野裡來回行駛了幾個月，同時拍攝了數千張雜草、萵苣和其他作物的照片。接著，FarmWise 員工會手動標記每張照片。除了從農作物裡挑出雜草外，這些影像還可以檢測農作物是否生病或被昆蟲侵襲。

　　FarmWise 軟體擁有數千張標記的影像，可準確預測植物是雜草還是作物。機器人裡的攝影機，還可以測量植物及其根部的幾何形狀，如果判斷是雜草，一組旋轉刀片就會擺動並切斷雜草頂部。如今，FarmWise 已經解決蒐集和標記所有資料的挑戰，擁有了競爭優勢。

波伊爾不僅熱衷於改善農業流程，也熱衷於改善農業工人的工作。傑夫·邁爾斯和其他約二十位 FarmWise 的員工，從事的「數位除草」工作，比傳統的農場工人好很多。

波伊爾說：「我們給他們一台平板電腦，訓練如何用電腦工作，教他們修理和幫機器除錯。他們學習如何管理數位決策，我們給他們的工資比一般農業工人高得多。」

數位除草機的日常工作

傑夫·邁爾斯喜歡自己的工作，而且工作一直愈來愈好。他說，自從開始為 FarmWise 工作，他和機器人除草機（新型號叫做 Titan）都變得更聰明了。「新機器更人性化，也更容易用於除草和其他任務的工具，」他說。

邁爾斯指出，人們認為他是機器的「操作員」，同時是管理其他操作員和 FarmWise 的區域經理，但他認為自己是品質管制人員。「我做了很多故障排除的工作，」他解釋，「就像所有新技術一樣，我們的機器也會有一些錯誤，我們正在一一解決問題。」

當除草過程中出現問題，例如刀片被岩石壓彎，或割草時刀片打開得有點晚，他會在平板電腦上收到警報。他會調查問題，並在必要時出手處理。如果自己無法解決問題，他有一個「懂電腦的聰明人組成的待命團隊」，這群人可以透過網路檢查機器的狀況。

意外提升人在現場解決問題的能力

邁爾斯說，他每天在現場解決問題的能力愈來愈好。以前他要花幾個小時才能解決一個問題，現在通常只要幾分鐘就能搞定。他指出，該軟體變得更可靠，但由於是新型機器人，硬體方面則有更多問題。

邁爾斯抵達每個田地後，會用機器人除草，機器人會在皮卡車後方用拖車拉著。這些機器人有自己的柴油發動機，靠四個輪子移動。「現在的輪子很大，新型機器人上面有四輪驅動，」他指出，「所以它不會被卡得太深。」該機器一整排上下移動，每小時可處理約一英畝的除草工作。「最難的地方是我要跟上機器的速度，」他說。

邁爾斯也負責和種植者直接互動。銷售經理安排FarmWise除草，但邁爾斯要和種植者一起安排行程，當

機器出問題或狀況時，他是首要聯絡人。

有一些種植者剛開始和該公司合作，有一些種植者則已經使用 FarmWise 幾個生長季了。一般來說，每個生長季只需要進行一次數位除草。為了讓機器人割草，雜草必須長到一定的尺寸——要高到可以割下來，又要低到能在機器下方通過。

數位除草機的未來

邁爾斯認為，自己的工作永遠都存在需求。他說，即使軟體和硬體都很完美，仍然需要有人和種植者互動，並把機器人帶到農田裡。

邁爾斯預測，農田裡將需要機器人做其他工作。波伊爾確認地說，除草只是 FarmWise 為種植者執行的系列任務裡的第一項。該新創公司目前主要專注於，針對不同類型的萵苣除草，但也計劃要對綠花椰菜、花椰菜、球芽甘藍和其他作物進行除草。除了除草外，機器人愈來愈無所不能，還可以播種、噴灑微量肥料，甚至必要時噴灑除草劑，甚至可能收穫農作物。波伊爾把這整體概念稱為「個人化的植物照顧」。

當然，FarmWise 正面臨更大、更通用的農業機械公司的競爭可能性，例如強鹿（John Deere）和萬國收割機（International Harvester）。也許拖拉機或拖在它後方的工具，可以處理除草、拍攝植物和雜草，以及執行 FarmWise 的 Titan 機器人其他任務。波伊爾和他的共同創辦人為此覺得憂心，但又對協助改變農業和農業工作的潛力感到興奮。波伊爾指出：「我們面臨許多產品開發和物流的挑戰，但我很有熱忱把 AI 和機器人技術應用在農業上，進而創造出新型的就業機會。我們正把體力活和繁瑣的工作，變成品質更好的工作。」

　　邁爾斯同樣充滿熱忱。他說：「我喜歡我在這裡做的事情。可以到戶外真是太好了，我學到很多東西，而且我的急救箱裡有很多防曬乳。」

我們從這個案例學到的課題

- AI 把農業工人的工作，從手動支援變成支援在農地裡作業的自動化機器人。
- 全自動化的農場機器人出現錯誤或機器出問題時，仍需要人類協助，人類也必須學會使用數位工具進行支

援任務。

- 在農地從事數位工作者，也要和其他擁有、監督或在農地工作的利害關係人互動。
- 在機器運作的背後，需要大量人力來訓練指導農地機器人行動的 AI 軟體。

25

北卡羅來納州
威明頓警察局
警務數位化

　　美樂蒂・雷珀（Melody Raper），是美國北卡羅來納
州、位於東南海岸港口城——威明頓（Wilmington）的警
察，在當地警局已經任職十三年。她很喜歡自己的工作，
覺得比以前坐辦公室有趣很多。她的工作內容和中型城市
（約十二萬五千名居民）的巡邏員差不多。她要駕駛巡邏
車在城市周圍巡邏，回應調度員的服務請求，然後下車
「和不同地區的居民進行社區警政服務」。

　　然而，她有一部分的工作和一般警察不同，她每天都
會用 AI 警務技術。她使用的技術有兩個功能：槍聲檢測
和槍聲定位系統，以及推薦最有效的巡邏任務來防止犯
罪。這兩種功能都出自 ShotSpotter ——美國位於矽谷對
岸的公司。

ShotSpotter 在設計這兩種系統時，雖已盡可能降低偏見的可能性，但槍擊檢測，尤其是「預測性警察活動」的概念，都因潛在的種族偏見而受到批評。雖然，所有決定最後都是由警察而非演算法判斷，但 ShotSpotter 的假設是，該技術提出的建議是根據偏見相對較少的資料而來，可以降低警察採取有偏見行動的可能性。

槍聲檢測如何提高逮捕率？

威明頓警察局，在 2012 年開始使用 ShotSpotter 槍擊檢測系統。ShotSpotter 在威明頓周遭放置了一系列聲波感應器，這些感應器透過無線的方式，連接到該公司的雲端中央系統。該系統的功能是利用三角測量，來檢測並準確定位槍聲位置。聲波感應器通常放在建築物的頂部，可以精準掌握開槍的時間，以及可能是槍聲的各種「脈衝」（impulse）相關聲響。這些數據用於定位事件，然後透過複雜的 AI 演算法進行過濾，將事件分類為潛在的槍擊事件。

ShotSpotter 全年無休的事件審查中心，有聲學專家確保並確認這些聲音確實是槍聲。演算法判斷不是槍聲的許

多聲音，就不會呈報給人類專家進一步判斷。ShotSpotter 會透過其他資訊補充槍擊警報和位置，例如自動武器 （automatic weapon）是否開過火，或是否有多名槍手。 從槍擊事件一發生，到威明頓警察局的情境戰術與情報連 結組中心（Situational Tactics and Intelligence Nexus Group, STING）螢幕上彈出數位警報，整個過程不到一分鐘。再 過幾秒鐘，資訊也會出現在雷珀警官的筆電或手機上。

　　雷珀警官認為，槍聲系統對她和其他警員尋找開槍者 來說，有很大的幫助。自從該部門第一次導入該系統以 來，她就一直在使用這個系統。她說：「出現槍聲時， 這是我們第一次知道發生了什麼事。我們知道槍聲在哪 裡，射了幾發子彈，開槍的不只一把，甚至知道槍手是 否人在移動的車子上。有需要的話，你可以再次播放並 收聽音檔。一開始，市民和槍手都不知道有這個系統， 有一次我距離槍聲只有一個街區，我雖然沒有聽到槍聲， 但收到警報，用不可思議的速度抓住槍手並奪回槍枝。」

　　在一開始實施槍聲探測計劃時，雷珀警官的巡邏區是 少數配有該系統的巡邏區之一。然而現在，威明頓警察局 擴大了該系統的涵蓋範圍，所有警察都可以利用這個技 術。她認為，其他警察應該也和她一樣，認為這個系統很 有幫助。

不只協助分析，還能幫忙巡邏

　　雷珀警官使用的另一個警務 AI 系統，則會對巡邏人員推薦「下一個最佳行動」，它和行銷活動裡使用的功能類似。這個系統會消化並分析警察部門現在可以運用的大量資料，包括槍擊發生的地點、過去的犯罪紀錄、城市布局、人口普查資料、即將發生的事件等，並建議特定警察或團隊前去定向巡邏。這個 ShotSpotter 的系統稱為 Connect，它會利用這些資料，對當天最有可能發生犯罪事件的地點進行風險評估，讓警察部門可以用最有效的方式分配資源。

　　ShotSpotter Connect 通常會將城市劃分成數百個平方英尺的「框框」，並為這些區域推薦巡邏策略。系統建議的巡邏策略可能有所不同，具體策略取決於該地區最近的犯罪行為、一天當中的時間，以及有多少某些類型的公司（例如賣酒的商店）或地理位置（例如公車站）。

　　當雷珀警官在巡邏車用筆電登入系統時，她會看到不同框框可供選擇，框框的顏色會告訴她最有可能發生哪一種犯罪，例如搶劫、攻擊或財產類型的犯罪。預測犯罪是以實際獲報的「第一部分」（編按：根據美國聯邦調查局〔FBI〕統一犯罪報告〔UCR〕計劃中定義的嚴重犯罪，如謀殺

和非過失殺人、搶劫等）重大犯罪為對象，而不考慮「第二部分」犯罪，例如毒品犯罪、賣淫和其他妨害犯罪。該演算法沒有納入人們請求警方協助的部分，那些請求通常是誤報。

當她進入定向巡邏的區域時，AI 軟體會建議她採取非執法性的策略，包括「步行通過」和「讓巡邏車明顯可見」，到「參觀當地企業」以及「把巡邏車停在顯眼的位置，並做文書工作」。該系統建議巡邏時間為十五分鐘，因為根據研究表示，警察短暫停留可以減少犯罪和失序的可能性。該軟體讓雷珀警官可以用內建計時器來管理時間，目的是防止出現最嚴重的犯罪行為。

雷珀警官認為，ShotSpotter Connect 系統有利於推動倫理警政（ethical policing）。這個系統無法辨認出個人身分，也不會用任何能夠辨識個人身分的資訊來預測犯罪。使用這個系統可以避免遇到不必要的「攔查搜身」，這是指因合理懷疑公民在從事犯罪活動而將他拘留，而且這樣做通常牽涉種族背景。如果 AI 軟體發現某地區最近有大量巡邏活動，它還可以隨機分配該社區的巡邏人員，以防止太多警力在該區域活動。隨機分配警力可以降低歧視，並有可能讓警察和社區關係更良好。

ShotSpotter 敏銳地意識到，設計 Connect 系統時必須

防止「失控的反饋循環」，這種循環會讓警察因為某個區域過去曾有大量警力進駐，而使警察不斷回到同一區域，導致該區域有更多犯罪紀錄。他們也知道某些類型的風險評估模型，很容易受到執行偏差的影響，因此他們的做法是避免使用這類模型。也許最重要的是，Connect 會根據過去的重大犯罪，預測將來可能發生犯罪的地點，但不會預測誰會犯罪。

雷珀警官已經使用 ShotSpotter Connect 系統幾個月了，而且很喜歡它，但她也說並不是警察局裡每個人都喜歡這個系統。她說：「警察並不擅長改變，有些人不喜歡改變，有些人不在乎改變，有些人則喜歡並對改變持開放態度。我會想嘗試任何新東西。在使用 Connect 之前，我們會進行『重點巡邏』，要找到犯罪率高的地區並巡邏該地。Connect 讓我們不用再猜要去哪一區。只要登入系統，系統就知道你人在哪裡，你可以在幾個框框裡選擇要去哪裡巡邏。我下車後喜歡去做社區治安工作，Connect 也會鼓勵我們這樣做，它會問你做了什麼，以及你是否和社區人員有過任何接觸。」

雷珀警官表示，Connect 並不是用來告訴警察該做什麼，或者評估警察的表現。警察每天要進行兩次 Connect 巡邏，但平常還是有很多決定需要她來做。

挑戰在於讓人們使用新工具

　　副局長亞歷克斯・索特洛（Alex Sotelo）負責威明頓警察局的所有管理系統、情報和資料分析，其中包括這兩種 ShotSpotter 的系統。她已經當了二十一年警察，並在擔任巡邏警察時使用過 ShotSpotter 槍擊偵測系統。ShotSpotter Connect，則是她在擔任該部門的規劃和研究隊長時使用，當時的警察局長讓她負責導入系統。威明頓警局很自豪自己較早採用新的犯罪預防技術，它是該地區最早採用槍擊檢測的部門之一，也是美國最早採用 Connect 計劃的一個部門。該地區沒有其他部門，擁有像威明頓 STING 中心這樣的即時犯罪中心。

　　索特洛表示，儘管 Connect 巡邏管理專案仍處在相對早期的階段，但這兩個 ShotSpotter 專案對該部門來說，都很有效。她說，威明頓和其他大多數警察局一樣，也面臨巡邏人員短缺的問題，因此，弄清楚如何把警察分配在最需要的地方相當重要。她說，能夠用數據而不是靠猜測決定，警察應該巡邏城市的哪個地方，對他們很有幫助。

　　副局長索特洛評論，該部門的管理文化向來以數據說話，但「挑戰在於讓人們使用新工具。」她認為，AI 工具非常適合該部門，但她同意雷珀警察的看法：「大多數

警察不喜歡改變，他們覺得別人不應該告訴他們該怎麼做比較好。」該部門一開始並不強制警察要用 Connect，但正在慢慢強制大家使用，並告訴他們應該開始使用的時程。她說，93％的警察已經同意使用該系統，她認為這個接受率很高。

自從導入槍擊檢測和 AI 驅動的巡邏以來，威明頓的整體犯罪數量已有所下降。但該城市和美國許多其他城市一樣，2020 年謀殺案的數量確實也增加了。索特洛副局長認為，犯罪增加的主因是幫派活動，並表示隨著 COVID-19 疫情的蔓延，幫派有很多時間在社群媒體上「互嗆」。但在這期間，財產犯罪大幅減少，而且配有 Connect 任務箱的地區，犯罪整體都下降了。

副局長索特洛表示，她沒有真正的技術背景，但她很喜歡協助說明該部門已經實施的有趣高科技工具。她說，過去和現任的局長都富有前瞻思維，「他們很在乎如何讓警務工作變得更好、更安全，」她總結說明。威明頓警局在管理上支持 ShotSpotter 計劃，再加上雷珀警員對於新方法的開放態度，顯然是該局成功採用這些新技術的重要因素。

我們從這個案例學到的課題

- 警察部門已經在使用 AI 支援系統（不只是臉部辨識），來支援日常工作多個面向。

- 公部門使用 AI 例子——尤其和警察相關的案例——凸顯出演算法偏見和透明度等重要且困難的問題。設計和使用解決方案時，必須一併解決這些問題。

- 在對心存疑慮的第一線員工導入新的 AI 功能時，策略是慢慢來，而且一開始先讓他們自願使用。接著，逐漸讓員工至少把 AI 用在部分工作上。

26

策安集團

AI 同僚提升安管強度，同時照顧顧客

　　星耀樟宜（Jewel Changi Airport）位於新加坡樟宜機場內，集購物中心、室內景點、自然環境、飯店和機場報到服務為一身的場所。於 2019 年 4 月開幕，耗資 12.5 億美元建造。

　　星耀樟宜從內到外都有標誌性的設計，整個設施被包覆在一個玻璃圓頂內，就像一顆多面的寶石。室內自然主題環境包括世界上最高的室內瀑布（或「雨渦旋」），由兩千棵樹和十萬棵灌木形成的一百二十種植物群、迷宮、走道和橋梁形式的天篷，以及供步行和散步的天網。

　　這些造景為機場裡兩百八十多家零售店面、餐廳、各式遊客設施、景點，以及航站設施裝點了氣氛。星耀樟宜吸引了過境新加坡樟宜機場的國際旅客，以及新加坡當地

居民和遊客的矚目，在 COVID-19 爆發前六個月，接待超過五千萬名遊客。

星耀樟宜的安全及相關合作夥伴

策安（Certis）是一家私人公司，負責管理樟宜機場中星耀樟宜的實體安全、設施管理和客戶服務。它為機場的第一線工作人員，包括保全、禮賓人員、服務人員以及設施維護人員，提供這些服務。

雖然，策安是以提供商業設施安全起家，但它已經轉型提供高科技的多元化營運技術服務，年收入從 2005 年的兩億新加坡幣，有機成長到 2020 會計年度的 17 億新加坡幣。該公司的另一個轉型，是在提供先進的整合營運上大幅成長，包括在機場提供安全服務。策安為新加坡樟宜機場等地提供安全服務。2019 年，在國際機場協會（Airports Council International, ACI）的機場服務品質（ASQ）項目中全球安全排名裡，樟宜機場在全球每年旅客吞吐量達四千萬人次或以上的主要機場裡，獲得了最高分。

提供安全與服務的數位轉型方法

當星耀樟宜開幕時，策安以一種全新科技的方法提供服務，它們稱之為「安全⁺」（Security⁺）。這種新方法有六個關鍵要素，包括：

1. 採用高科技方法監控和監視星耀樟宜設施，包括使用了五千多個感應器和閉路電視。

2. 中央式現場智慧營運中心（Smart Operations Center, SOC），所有監控資料均由操作員統整、整合、分析、視覺化和評估。

3. 多服務協調平臺——莫札特（Mozart），可以統整和整合所有傳入的資訊源，並具備 AI 功能，可以分析視訊和其他感應器輸入的內容，以辨識人類操作員需要進一步處理的狀況。

4. 手機應用程式——阿爾戈斯（Argus），可以密切整合莫札特平臺，讓智慧營運中心的工作人員能夠進行管理和監控，並與保全和其他第一線工作人員溝通。

5. 在第一線巡邏隊伍裡增加服務機器人，以處理專門的監控任務，例如星耀樟宜外面的違停車輛。

6. 用新方法設計工作，所有策安的第一線保全、禮賓主管和設施工作人員，都要接受交叉訓練以便相互支援。

近年來，策安一直在試行和部署其中一些安全＋的元素，然而營運星耀樟宜使其第一次匯整所有六要素，成為整合且一貫的服務。現在，新加坡其他場地正和策安合作，採用這種安全＋的方法。

安全主管的新工作環境

龐俊勇（Jun Yuong Pang，音譯）現年二十九歲，在策安工作了十年。前九年他在樟宜機場航站擔任保全和主管，2019 年 5 月策安把他調到星耀樟宜任職，負責監督和管理團隊——由其他十七名安全專家和一個巡邏和交通執法機器人「PETER」（Patrol and Traffic Enforcement Robot）組成。

儘管龐俊勇仍然擔任安全主管並監督其他安全專家，但調職後的他，工作內容全都發生了變化。現在，龐俊勇負責一個大型多功能設施的安全，他和他的隊員總是在移

動和巡邏。

由於智慧營運中心、莫札特及其嵌入式的 AI 功能、阿爾戈斯行動應用程式，以及跨職能的工作角色，龐俊勇和他的安全團隊，現已成為協調良好人員和智慧支援系統網路的一部分，透過雙向的數位互動相互支援。這種做法，大大改變了安全團隊成員每天所花的時間。

在這之前，龐俊勇需要為保全人員制定巡邏路線，為每個人準備工作表，並在每天開始時告訴他們當天的安排。這些工作非常耗時。現在，莫札特可以為每個警衛制訂每日巡邏時間表，這些時間表是隨機的，讓外界更難預測他們的巡邏路線。

龐俊勇利用阿爾戈斯審查每天的巡邏時間表，並根據超出莫札特平臺擁有的資訊，調整巡邏路線。透過阿爾戈斯，他可以自動地將巡邏路線分配給每個團隊成員和智慧營運中心。隊員不需要在巡邏工作正式開始前提前到場，而提前到場只不過是為了收到自己分配到的路線。他們也不用在新加坡炎熱的天氣下，在戶外巡邏違規停車，因為機器人 PETER 已經接手這項工作。

此外，阿爾戈斯也會協助安全專家，針對巡邏期間遇到的每起事件提出報告。幾十年來，對安全產業來說，報告一直是一項繁瑣的任務。由於所需工作非常繁瑣，警衛

人員有時會跳過較小的事件而不報告。主管常常要重新和警衛面談，以澄清事件的細節並重寫報告，有時候甚至自己寫報告。

更徹底、更專業，維安滴水不漏

現在，阿爾戈斯的事件報告範本，可以讓安全專家點擊幾個按鈕來選擇適當的事件類型，把圖片新增為文件，輸入描述性評論，然後按下發送鍵。這些報告帶有時間戳記，並馬上送進智慧營運中心，進入莫札特平臺。這使得龐俊勇和其團隊在安全相關事件的報告上，做得更徹底，甚至可以支援設施管理和訪客服務的事件報告。

訪客服務主管（他們叫做體驗禮賓員和迎賓員）和設施工作人員，同樣使用阿爾戈斯報告事件，而且所有工作重疊。

和龐俊勇一起管理星耀樟宜訪客服務的澤爾·周（Zell Chow，音譯）解釋：「他們不只是坐在服務櫃檯後面的禮賓人員，同樣是客服工作的一部分，因此他們也會在設施內巡視。他們讓現場有更多雙眼睛盯著，有助於我們的安全。這樣做還可以協助我們支援場地設施，

因為他們可以發現需要維護的景觀，或者追蹤設施改善。如果沒有技術支援，我們就無法用這種多功能的方式執行任務。」

策安在星耀樟宜部署的技術系統，會持續監控整個設施。除了安全和監控外，還會支援訪客、工作場所和交通安全。莫札特平臺使用其嵌入式 AI 功能，持續監控和分析收到的資訊流。透過評估莫札特自動產生的警報，以及地面工作人員透過阿爾戈斯送出的事件報告，還有其他送入訊息的通訊工具，智慧營運中心的經理和操作員，可以確定何時動員第一線員工追蹤事件。

他們還結合使用阿爾戈斯的位置追蹤和其他感應器訊息，永遠掌握所有安全專家、客服主任和設施工作人員的實際位置。龐俊勇和他的同事周，都可以透過阿爾戈斯看到這些資訊。兩人緊密協調智慧營運中心，他們彼此互動密切，配合規劃部署現場人員來應對特定事件的狀況。

不只強化安管，更優化員工訓練

過渡到星耀樟宜這種新的工作環境——也就是採用新的支援技術和新的多功能方法，讓某一部門的員工可以支

援其他部門——並非完全沒有挑戰。龐俊勇的經理亞倫・蘇（Aaron Soo，音譯）指出，策安公司裡具備機場保全經驗的保全人員，需要努力學習才能和訪客保持高水準的互動，但許多傳統的保全人員，並不擅長服務和禮賓技巧。

龐俊勇也思考讓他的安全專家團隊成員，尤其是六十歲及以上的成員，適應使用新技術所遇到的挑戰。他說：「這是一次非常有挑戰性但很好的經驗，他們需要時間學習和調整。幸運的是，他們都成功做到了。」周補充表示，他們努力協助客服和安全方面的第一線員工接受新技術，尤其是年長的員工。「我們重新設計了訓練材料，加入更多圖片和影片，減少使用太長的句子，我們讓訓練的內容和課程變得更有趣。」周和龐俊勇都說，該技術讓員工能夠保持積極主動，並帶來貢獻。

周、亞倫・蘇和龐俊勇都強調，策安在星耀樟宜的數位轉型工作，讓他們對持續學習和訓練產生很大的需求。同時，由於效率和生產力提高，他們可以把節省下來的大量時間，重新投入訓練並與團隊合作進行調整。周反思：「在我們進行數位轉型之前，永遠不可能有這樣的進展。」

AI 還做不到的事

　　亞倫・蘇是星耀樟宜的智慧營運中心值班經理，也是龐俊勇和澤爾・周的頂頭上司，他分享了自己對星耀樟宜和策安工作環境將如何發展的想法。他說：「隨著我們的系統功能不斷提升，我預計我們將在智慧營運中心以及機場現場，把更多營運任務自動化。我們將逐步實現更高水準的生產力，並進一步減少使用某些類型的人力。」

　　同時，蘇堅信：人類將繼續在智慧營運中心和地勤人員團隊中，發揮重要且不可取代的作用。他解釋：

　　當我們監控和評估莫札特系統自動產生的警報，以及地勤人員報告的事件時，我們在智慧營運中心遇過太多奇特或非典型的狀況。我和我的智慧營運中心團隊，以及地勤團隊主管，要在多個利益相關者之間擔任非常複雜的「中間人」角色，以協調和溝通各方。例如，這些利益相關者包括星耀樟宜的地勤人員、策安和星耀樟宜的高階管理層，以及其他外部各方，包括救護隊、醫療機構和政府當局。對於這類商業應用來說，我們的技術雖然很先進，但技術本身依舊無法完成所有的協調和溝通，尤其是在異常的情況下。至少，目前為止技術還

做不到，而且在可預見的未來也不會做到。

　　雖然，AI 功能和應用持續快速且顯著地進步，但人類和人機合作的關係，似乎仍將出現在管控商場安全的環境裡。

我們從這個案例學到的課題

- 數位化和 AI 支援工具，可以讓過去在各自不同職能領域，從事專門工作的第一線地勤人員，不僅更輕鬆地執行自己的任務，還可以支援其他職能。
- 具備 AI 的智慧營運中心，仍需要人類評估如何回應警報，並處理如何應對非典型事件。
- 年長員工可能很難適應使用新的數位和 AI 工具。但與此同時，新工具可以大大簡化他們的工作，並可能延長他們的就業年限。

27

南加州愛迪生
預防現場事故的
機器學習安全資料分析

　　一般認為，分析和 AI 通常牽涉到資料、軟體和硬體的活動，然而如果使用 AI 模型，是為了影響決策和行動，那麼它們也是組織變革的活動之一。一家公司若不這樣思考，就不太可能從它們的 AI 專案裡得到太多價值。

　　大型電力公司南加州愛迪生公司（Southern California Edison, SCE），是追求以 AI 為主的組織變革企業。該公司有一部分的重要活動，是以安全為重點的機器學習，了解和預測公司現場員工的高風險工作活動，這些活動可能會導致危及生命或改變生命的事故，進而造成傷害或死亡。安全議題涉及諸多組織的風險，包括政治、缺乏透明度、勞資關係等。就算報告一件千鈞一髮的事故，也不符合組織典型的文化。

這些組織問題也是南加州愛迪生公司關心的問題，但該公司已經制定了解決這些問題的方法。南加州愛迪生公司，尚未徹底完善安全的 AI 與必要的組織變革，但該公司正在取得長足的進展。

組織改革也能靠 AI 推動？

南加州愛迪生公司的方法之所以成功，關鍵在於有一個小型且經驗豐富的整合團隊，能透過 AI 解決安全上的問題。該團隊的兩名主要成員是傑夫·摩爾（Jeff Moore）和蘿絲瑪莉·裴瑞茲（Rosemary Perez）。摩爾是資料科學家，曾在資訊科技部門工作（他現在在健康資訊科技部門工作）；裴瑞茲則在安全、保全和業務韌性領域，擔任預測分析顧問。實際上，摩爾處理了該專案的所有資料和建模工作，而在南加州愛迪生公司擁有多年現場經驗的裴瑞茲，則負責領導變革管理活動。

管理組織變革的步驟，從專案一開始就已經啟動並持續進行。第一個目標是，向管理階層解釋模型和變數的洞見。說明結果可能的範圍後，裴瑞茲和摩爾獲得在全公司進行變革時所需的支援。由於裴瑞茲在各地區都有關係和

信任，她可以向現場的管理人員和員工介紹專案的概念，而不必擔心人們質疑「為什麼總公司的人會在這裡？」裴瑞茲指出，和團隊談話時保持透明很重要。這種信任可以讓工作人員，願意傾聽並分享他們認為如何部署模型、解決變數和數據缺漏的問題，以及促進更多人導入的想法。

該團隊花了很多時間，讓利害關係人參與其中。摩爾在 2018 年夏天加入該專案，並在一個月左右建立並執行了一個機器學習模型。但在向人們展示該模型，並把它社群化以獲得人們認可，則花了更長的時間。摩爾和裴瑞茲在 2018 年 11 月和 12 月，會見了南加州愛迪生公司的高階主管。召開這些會議後的幾天裡，安全模型 AI 專案，成為南加州愛迪生公司 2019 年的企業目標。安全是該公司的第一要務，而且願意嘗試創新理念來推動安全。對於這樣一個小團隊而言，把它的工作納入公司目標，對南加州愛迪生公司來說並不多見。

風險模型及其研究結果

南加州愛迪生公司現在擁有機器學習的風險框架，以及針對特定類型工作活動和工作背景的風險評分。該模型

取自該公司的大型資料倉儲（data warehouse），其中包含作業指示資料、結構特徵、傷害紀錄、經驗和訓練，以及計劃的詳細內容。以前，這所有要素之間都沒有關聯，而且就像 AI 常見情況一樣，模型需要大量的資料工程進行整合和連結資料。

　　機器學習模型會對現場團隊執行的活動加以評分，例如設立新的電線桿或更換絕緣體。每個活動可能或多或少都有危險，取決於一年當中的時間、一星期裡的某天、天氣、隊員人數和組成人員等。例如，更換電線桿本身可能只是中等風險的任務，但如果下雨時在山坡上用起重機做這件事，它的風險就會變得非常高。現在，南加州愛迪生公司可以更具體描述員工在特定環境工作，從事特定活動會有哪些風險，而不是只給他們通用的安全訊息。

　　隨著模型不斷學習，它將推薦特定方法來降低工作風險，例如改變隊員組合或隊員規模、增加管理人員、使用特定的設備或索具執行工作，或以更長的停電時間慢慢完成工作。後者的建議與公司「不要造成客戶不便」的文化背道而馳，但如果模型特別推薦這種做法，那麼團隊會在執行工作之前討論影響因素，並利用其多年經驗降低風險。此外，該計劃還獲得一些更普遍的發現，這是南加州愛迪生公司高層最有興趣的部分。例如，長期以來，

管理高層一直很有興趣透過數據了解，工作量的增減或天氣模式的變化，對於現場團隊的長期安全風險會產生哪些變化。雖然，預測模型有兩百五十幾個變數，但該模型的結果會總結成最重要的十五個不同因素，這些因素會造成嚴重傷害和死亡。長期來說，變數會發生一些變化，但人們很有興趣了解最初一系列的風險因素，其中包括團隊經驗、特定設備牽涉的風險、天氣、隊員組合和隊員規模。

與現場合作是關鍵

摩爾和裴瑞茲正處在部署該模型的早期階段，已經把模型推廣到計劃中三十五個地區裡的六個地區。每個地區都有其特性，所以談到該如何在特定區域部署時，他們不想要千篇一律的答案。

摩爾的主要職責是建立模型，他表示自己已經意識到安全 AI 不只是一個模型。「我一開始認為模型和演算法有關，但後來意識到提高安全性還牽涉許多其他因素。」摩爾表示，他曾遇到改做公司其他專案的壓力，但「為了實現你的模型，你必須經歷這種過程。」南加州愛迪生公司裡的每個人，都認為安全工作至關重要。

裴瑞茲的重點是變革管理，她列出部署中的一些組織變革。

她說：「訓練可能出問題，不只是分析上的問題，還包括溝通、領導力和所有權方面的問題。流程也可能有問題，例如我們如何規劃和溝通工作。使用該系統可能也會有技術問題。」

裴瑞茲表示，與現場合作的過程非常重要。「你不能走進一個現場，就無緣無故地打擾他們的工作流程，」她解釋，「他們會想知道你的目的和目標。我們嘗試和他們溝通、展現透明度並建立信任，讓大家相信我們是來幫忙的，是來觀察他們如何降低風險，分享我們的研究，並了解如何將這些研究融入他們的工作實務中。我們希望他們可以幫助我們了解他們每天要處理的複雜性。」

兩位團隊成員都表示，他們每次造訪一個地區，都會學到一些東西。

摩爾指出：「你在資料倉儲裡可以看到的資料，就是在倉儲裡的資料，例如時間表、工作訂單等。但是當你和從事這項工作的人交談時，你會學到很多如何建立和應用資料的知識。每次拜訪他們，我都會更了解司機和工作的複雜性。透過拜訪每個現場，我的表達能力變得更好，更了解流程和設備。」

最困難：讓現場人員相信演算法

史考特・陶德（Scott Todd）是聖安娜區（Santa Ana district）的資深營運主管，該區是第一批試驗安全演算法的地區之一。他監督聖安娜區的營運部門，包括所有建築和維修活動。

陶德說，他所在的地區現在已經使用這個系統大約兩年半，而且系統已經內建到計劃中或緊急的日常工作流程中。在工單系統安排專案後，安全演算法將在背景運行。接著，安全風險的欄位要麼是空白，意思是低風險；要麼是 H，意思是高風險。如果被標記為高風險，系統就會列出五個導致高風險評分的因素。

在陶德的地區，工作協調員要更深入了解，是什麼觸發系統給出高風險的評分，以及降低風險的因素是什麼。降低風險的因素可能包括：啟動更大規模的停電、延長停電時間、將停電時間安排在一天之中的不同時間，或組建具備不同經歷或經驗水準的團隊。

工作人員會開「工具箱會議」（tailboarding），也就是工作前和團隊討論可能的危險，以了解安全的風險程度。主管可能會說：「嘿，這份工作因為安全風險評分高而被標記，大家認為它為什麼被標記，我們應該做什

麼？」然後工班也會意識到安全風險。

　　當線路工班被問到對安全風險評分有什麼反應時，陶德評論，剛開始工班會說：「你說些不一樣的事情好嗎？每一個工作的風險都很高耶。」一開始，他們對演算法的價值有所懷疑，但在陶德和其他人向大家說明該模型的運作原理（非技術層面的原理）後，大多數人現在都開始正視這個模型。陶德覺得，大家知道公司想要好好照顧大家的健康和福祉。他們把安全風險評分，視為工作時需要考量的另一個數據點。

安全模型的後續步驟

　　接著，摩爾和裴瑞茲會根據模型的結果，開始和南加州愛迪生公司的人力資源組織合作。該組織負責定義工作內容、訓練需求、標準作業程序和工作輔助工具，其中每一項都可能因為發現安全風險而受到影響，因此，它們的目標是把分析結果納入實踐和程序中。

　　該團隊已經在努力修改模型以納入新的因素。有鑑於加州的情況，其中一個因素是野火的風險就不足為奇了。摩爾和裴瑞茲也嘗試將風險評分和工單系統整合，他們還

計劃嘗試將風險模型納入南加州愛迪生公司的其他業務裡，例如工程，因為使用該模型可能降低規劃和建造電網的風險。總而言之，利用數據和 AI 提高安全性，是耗時又涉及多方的過程，但還有什麼比安全更重要？

我們從這個案例學到的課題

- 讓大公司裡的許多營運團隊，根據 AI 分析模型的結果，重新思考他們的計劃並改變行動，是一項浩大的組織變革工作。

- 讓變革管理專家，成為組織裡部署新 AI 解決方案部署團隊的一部分，極其有價值。

- 向員工解釋 AI 模型的目的和輸出，並獲得他們的認可和信任所需的時間，可能比開發模型的時間長很多。

28

MBTA
AI 輔助柴油分析以利列車維修

　　麻薩諸塞灣交通管理局（Massachusetts Bay Transporta-tion Authority, MBTA）是政府機構，當地人稱之 MBTA 或「T」，為大波士頓（Greater Boston）都會區提供地鐵和通勤鐵路服務。它擁有美國最古老的地鐵，而通勤鐵路系統則整合了許多早在1830年就開始使用的私人鐵路系統。如今，交管局將麻州東部和羅德島州的七十八個社區聯合起來，每天為（至少在 COVID-19 疫情前）大約一百三十萬名乘客提供服務。

　　MBTA 的通勤鐵路系統，每天平均載客約十二萬人，過去曾因為嚴重的服務故障而受到挑戰。例如，2017 年冬天天氣惡劣，該系統發生機械故障的數量，居全美所有通勤鐵路系統之冠，其他系統的里程數和行駛的列

車數，都比 MBTA 的列車多很多。營運通勤鐵路系統的私人承包商——凱奧雷斯通勤服務（Keolis Commuter Services），以及 MBTA 的高層都曾受到嚴厲批評。

大部分的故障都和火車頭（locomotives，鐵路機車）有關。2017 年後，MBTA 推出一項檢修和升級舊火車頭的計劃。該計劃其中一部分是努力使用 AI，尤其是機器學習，以辨識即將出現的維護問題，避免出現故障。

用柴油機車訓練 AI

在鐵路產業工作了二十八年的資深人士——萊恩・科哈蘭（Ryan Coholan），是 MBTA 的鐵路長。他很遺憾這個產業和他任職的組織，至今仍在使用各種過時的技術，傳真機就是一例。但他非常相信數據和資料分析，認為有機會利用它們來改善 MBTA 的通勤鐵路。

柴油機車（diesel locomotive）最重要的相關數據，可說是柴油的狀況。MBTA 一直定期從柴油引擎裡蒐集油樣，並交由一人快速檢查，如果檢查結果並不極端，就會將其歸檔。在做這種樣品分析時，通常會著重於油裡面的成分，例如銅、鐵、鉛、鋁、鈣和鈉。在過去，當引擎故

障時，會抽取最後一些油的樣本，來查清成分超出範圍的數值。但是，樣本數值和維護問題之間的關係，並沒有一套系統性的分析。

然而，還有另一種看待機油數據的方法。就像科哈蘭在《全球鐵路評論》（*Global Railway Review*）[1] 上發表的一篇文章裡所寫：「我們必須知道那些不起眼的石油樣本，實際上是一個小小的『黑盒子』記錄器，它以百萬分比（ppm）為單位測量，可以告訴我們很多事情。」

科哈蘭聯繫了朋友的朋友——麥克‧詹森（Mike Jensen），他經營一家叫做「4Atmos 預測分析」（4Atmos Predictive Analytics）的工業數據和分析諮詢公司，過去曾在機油分析上做過一些工作。他們談話時，詹森表示機器學習模型可能有助於預測引擎故障。科哈蘭證實，MBTA 擁有訓練模型所需的數據，包括多年的油樣數據（出自九十台機車的四百個樣本已經足夠），和發動機故障的結果數據。他們之間的討論，孕育了一個正式的試驗計劃。

然而，整合資料和建立訓練資料集並不容易，他們大概花了一年半的時間。然而，一旦訓練完畢，模型似乎運作得很好，它可以預測未來十五天裡，引擎很有可能出現的問題。機油樣本裡發現的成分，可以用來預測可能發生的特定問題。例如，如果油裡面有水，表示冷卻汽缸蓋的

水跨接器（water jumper）可能有漏水；如果油裡面有燃料，表示注入器可能會漏油；如果油裡面有鐵，表示渦輪增壓器可能會故障。這個模型可以提前三天，預測渦輪增壓器可能出現的故障。

麥克‧詹森分析發現，只是找出機油樣品裡超標的數值，並不是預測引擎問題的好方法。他在社群平臺LinkedIn 發表的一篇文章中說明了這個心得，在當中指出：「我們發現，有超過75％的故障特徵，其各種數值均低於規定的閾值。所以，我們不應該只是單獨查看每一個成分，而是應該將成分組合成群組，以提高辨識故障機率較高的地方。」[2]

將機油分析與預測制度化

早期的積極結果證實，定期分析油品並把它用在預測機械故障，很有價值。這個專案已經成為常態工作，並被稱為「速度專案」（Project Velocity）。

現在，他們每十天做一次機油分析（以前是每三十天做一次），並把它融入機械操作部門的日常工作中，該部門負責監督凱奧雷斯的維護工作。MBTA 有自己的機油實

驗室進行機油分析，大家很喜歡在這裡工作。科哈蘭說：
「有人搶著要進去實驗室。」吉姆·佐伊諾（Jim Zoino）
負責機油實驗室裡的大部分測試，他以前是資訊工程支援
人員，沒有實驗室或 AI 的工作背景。

　　這種預測性維護模型，對 MBTA 有很多好處。如果
預測失敗，MBTA 將指示凱奧雷斯的維護人員來快速修
復。在發生故障前，預防故障可以節省大量的時間和金
錢。如果車輛在鐵軌行駛時發生故障，可能會導致一千三
百名乘客滯留並造成不便。科哈蘭表示，品質優良的預
測，其價值可高達數百萬美元。他說：「投資回報率非
常非常高。」

　　由於該計劃十分成功，因此 MBTA 又投資了 4,000 萬
美元，用來修復舊有的鐵路機車。對舊車輛進行大維修的
公司，對機油分析計劃很有興趣。該計劃還改變了維護的
做法和時間間隔。由於採用機油分析模型、大維修和新做
法，MBTA 大大提高了鐵路機車發生故障的平均里程數，
而且通勤鐵路系統比以前更準時。

　　不過萊恩·科哈蘭很好奇，為什麼 MBTA、他的鐵路
機車供應商和維修公司，會等這麼久才進行這類分析：

　　我們都知道潤滑油是機車柴油引擎的血液，我們也

看到周遭的生活變得愈來愈被數據驅動。我們有很多和乘客、延誤等相關的資料，卻沒有任何資料是用來讓鐵路機車行駛得更好。現在，我們很高興終於發現這些東西了。

我們從這個案例學到的課題

- AI 的分析方法，可以幫助公部門機構提高舊資本設備的效能和使用壽命。
- 將相對小的投資投入 AI，可以提高現有資本存量的績效和壽命，進而產生巨大收益。
- AI 能夠以全新方式分析熟悉的事物（例如柴油），可以提高預測即將發生的問題與預防昂貴維修的能力。

29

新加坡陸路交通管理局
智慧城市裡的鐵路網管理

新加坡陸路交通管理局（Land Transport Authority, LTA）的員工，正在使用新一代由數據驅動、AI 支援的支援系統，以管理該市的城市鐵路網路。

公共交通事件應變融合分析系統

2014 年中，陸路交通管理局宣布和 IBM 合作進行一個應用研究的專案，為公共交通事件應變融合分析（Fusion Analytics for Public Transport Event Response, FASTER）系統打造設計藍圖。這則公告還提到，另外兩家私人公司（一家是當地的電信供應商，另一家是鐵路網路營運商）也將

透過提供資料存取參與合作。2016 年，經過近兩年的應用研究試驗和解決方案藍圖設計後，FASTER 專案和新加坡科技工程有限公司（ST Engineering）與 IBM，一同進入全面開發的階段。2018 年中，陸路運輸營運中心（Land Transport Operations Center, LTOC）重新營運，並根據新的 FASTER 系統，實現全面的感知（situation awareness）和整合回應管理。

江偉豪（Kong Wai Ho，音譯）是公共運輸集團（Public Transport Group）的整合營運和規劃總監，克里斯‧許（Chris Hooi，音譯）則是通訊和感應器副總監，他們都曾參與過 FASTER 系統。他們解釋：「我們的鐵路網遇到的挑戰，是避免列車在正常行駛下以及通勤的人們正常往返時，遇到中斷。我們要儘早獲得事件已經發生或即將發生的警報，以便能夠迅速反應並取得充分資訊。關鍵是要儘早示警，以防止事件演變成大問題或危機。」

他們兩人詳細說明 FASTER 系統如何協助他們：

我們的陸路運輸營運中心，在鐵路營運商、陸路交通管理局，以及所有參與處理鐵路網系統裡事件的相關政府機構之間，擔任橋梁角色。FASTER 系統，讓我們能夠全面了解整個鐵路網，以及鐵路網和其他公共交通

網絡的聯繫。我們會收到服務降級的即時警報，警告我們有事件發生。一旦發生事件，我們就可以看到狀況，以及相關衝擊如何傳播到鐵路網上的其他火車站，並評估當下發生的情況。這讓我們能夠就如何處理問題，做出明智的決定。

例如，FASTER 系統可以幫我們快速評估處置事件的影響，處置方法是在軌道上增加列車以運輸人滿為患的乘客。或者，在更嚴重的事件裡，它可能會建議讓乘客使用特殊的巴士轉接服務，把他們送往未受事件影響的火車站。

改變——從通勤體驗調節發車時間

團隊強調，FASTER 顯著的功能強調以通勤者為中心的物聯網（IoT）感應、情勢評估和規劃回應事件的方法。「過去，」他們說：「我們只會使用工程參數的測量結果，例如鐵路的訊號、故障檢測器以及調整時間表，來確定鐵路網系統的效率。然而，這些無法直接衡量現場的通勤體驗，例如，月台上的乘客因為太擁擠而無法搭上火車的次數、月台上或列車內的人數規模，或者通勤者遇

到多久的誤點。」

　　陸路交通管理局指出，它在 2018 年中第一次推出
FASTER 系統時，服務降級警報只能預測到約 40％的事
件。隨著它們不斷累積營運經驗、持續調整和改善，到了
2019 年初，預警能力已經提高到 70％。直到 2019 年底，
又進一步提高到 80％。隨著該團隊和陸路交通管理局的
資料科學家，以及陸路運輸營運中心的營運專家一起繼續
努力，進一步改善感應、數據融合，以及針對情勢評估和
回應計劃的分析，預計這個百分比將進一步提高。

　　江偉豪和克里斯・許都強調，陸路運輸營運中心團隊
的工作方式出現變化。「過去幾年，我們仰賴鐵路網營
運的資深員工，以質性的方式預測事故將如何影響鐵路
網，並評估不同的應對方案。」

　　但如今這種方法已失效，因為新加坡的鐵路網增加了
鐵路線數量和車站數量，而變得更加複雜。陸路交通管理
局將在未來二十年內，進一步擴大鐵路網，讓它變得更
加複雜。江偉豪和克里斯・許強調：「如果沒有 FASTER
平臺的協助，沒有資料科學和 AI 的支援，我們將無法管
理我們目前或未來的狀況。」

　　在使用 FASTER 系統前，只有擁有多年鐵路網營運經
驗的員工，才會被指派監控和回應事件。江偉豪補充說，

借助 FASTER，「我們陸路運輸營運中心的年輕員工，就算只有幾年的鐵路網營運經驗，也可以更準確、快速地評估情況，了解事件對整個網絡的影響，並制訂反應計劃。」他指出使用 FASTER 另一個好處：「我們現在涵蓋範圍更廣，因為我們的鐵路營運商會彼此分享資訊和合作。鐵路營運商希望更常取得 FASTER 的資訊，這件事充分證明該平臺的實用性和價值。」

FASTER 系統，提高了陸路運輸營運中心員工運作鐵路網的生產力。江偉豪和克里斯·許解釋：「我們大幅增加鐵路線和車站，但仍然可以用相同規模的團隊（每一班有四名監控人員）進行全系統監控。事實上，自從 2012 年以來，我們監測的車站數幾乎增加了一倍，但我們仍然擁有精實的監測團隊。FASTER 系統讓我們的監控和管理事件回應能力，變得更加敏捷、有效和迅速。」

江偉豪和克里斯·許如此總結系統的好處：「隨著過去幾年 FASTER 的能力和性能不斷提高，我們一直都能掌握鐵路網和其他公共交通系統當下發生的情況，並且知道如何迅速有效地回應。」

REAMS 系統大幅提升資產管理品質

即使使用像 FASTER 這樣的系統，也不能缺少良好的資產管理，包括維護計劃和支援。如此一來，陸路運輸營運中心的監控人員，就不會因為資產管理和支援不善，而導致設備故障，進而出現因操作問題而不知所措。

大約十年前，陸路運輸營運中心的早期（當時還沒有FASTER）階段，陸路交通管理局確實面臨著這種狀況。有一家私營鐵路營運商，由於無法妥善維護老化的資產，因此故障愈來愈多。新加坡的大眾已經習慣城市提供優質的服務，因此對日益常見的鐵路系統故障，表達出強烈不滿。於是，政府決定讓陸路交通管理局買回所有鐵路資產。而私人營運商在 2018 年，將鐵路資產轉移給陸路交通管理局。這項新安排大幅加快了全國的優先事項，以更好、更聰明的方式進行鐵路資產管理。

陸路交通管理局在 2018 年底，正式宣布把建立鐵路企業資產管理系統（Rail Enterprise Asset Management Systems, REAMS）的合約，授予西門子交通集團（Siemens Mobility）和新加坡科技工程。這是多階段、多年度的生產部署工作，並於 2020 年中期啟動第一階段。廖明輝（Ming Fai Leow，音譯）是鐵路資產、營運和維護小組副

組長，克里斯丁・衞（Christine Wee，音譯）則是資產管理數據和分析總經理，兩人解釋了該系統的背景：

資產管理不只是維護資產而已，這是一系列相互依存的問題：整個鐵路系統，在每個資產類型裡完整的生命週期表現；維護的資源規劃，包括計劃在下個月、下一季、下一年和多年度期間，維護工作所需的勞動力和資本水準；評估我們是否過度使用資產，並且為了提升系統效能，而付出增加維修成本和縮短資產使用壽命的代價；以平衡整體資本的成本、整體維修成本和營運表現水準的方式，規劃新鐵路路線的資本投資，並翻新現有鐵路路線的資本投資；決定我們如何讓資產保持在良好的運作狀態，如何延長鐵路資產的運作壽命，以及為現有資產即時支援故障排除和故障修復。

他們指出，透過新的 REAMS 系統，「我們已經開始使用所有資產數據的機器學習，來規劃維護需求、維護成本和總生命週期成本，以及支援即時故障排除和維修。現在我們有了數據，也有 REAMS 作為支援平臺實現這一點。我們看到讓人振奮的結果。我們正在轉型，使用數據驅動、AI 支援的 REAMS 方法，進行資產的全生命週

期管理。」

近年來，由於資產轉移和 REAMS 專案的共同影響，專門負責資產管理和 REAMS 系統開發的鐵路資料科學團隊，已經從四人擴大到 20 人。這個擴大規模的資料科學團隊，有三分之一的成員是陸路交通管理局的內部員工，三分之二則來自供應商的包商。比起只靠內部的專業知識，這樣做可以讓團隊更快建立相關分析，以及 AI 技術的專業知識。隨著時間推移，陸路交通管理局內部的資料科學團隊，將承擔更多責任。

即將失業？怎麼可能

資料科學團隊能夠在一定時間範圍內，為 REAMS 系統提供維護和資產相關支援服務的能力。衛和廖明輝解釋：

我們對列車車隊的可靠性，進行了幾個月到幾年的預測。我們會預測資產的健康程度，以預測未來七天內的故障狀況。REAMS 系統可以在維護紀錄裡，挖掘過去的故障和先前的原因，進行故障診斷得出可能的故障

原因。這種類型的支援，可以減少我們排除故障和維修的時間，而且這些維護和維修資料，會輸入到 REAMS 的長期資產規劃模組中。

團隊根本不擔心他們的工作是否會被完全自動化。衛和廖明輝表示：「無論我們有多努力，對於資料探索和利用是永遠沒有盡頭的，因為有很多新的機會和使用案例可以應用。這些新的數據源結合了 AI ／機器學習所帶來的分析，正在為我們創造價值和大量讓人期待的新工作。」他們對於實施 REAMS 所需耗費的大量時間，提出看法：「流程包括設計、導入和改進，以取得穩當的進展。建立資料來源並為鐵路線內的每個關鍵資產系統，開發出資產管理分析和預測模型，需要花很多時間，再將這些全部整合。然後，我們要在整個既有和新的鐵路線做這些事。」

一開始，REAMS 只部署在新加坡現有六條鐵路線中的其中一條。在後續階段，它將部署在所有其他既有的鐵路線，以及未來十年內建造的新鐵路線上。陸路交通管理局團隊，將在未來數年、甚至是數十年裡都會很忙碌。

我們從這個案例學到的課題

- AI 不僅可以支援特定的流程或機器，還可以支援廣泛的互動結構，例如大型城市的交通網。

- 借助 AI 的支援，經驗較少的營運監控人員，可以更快速、更準確地掌握整個網絡的問題狀況，並確認適當的回應。

- AI 可以更妥善地管理整個資產的生命週期，從日常支援到設備和基礎設施的長期資本投資規劃都是。

- 就 AI 支援的複雜資產管理環境來說，蒐集數據和建構模型是勞動密集的工作，需要數年時間才能完成，而且可能需要增加團隊人數。

第二部

AI 賦能下的
職場大未來

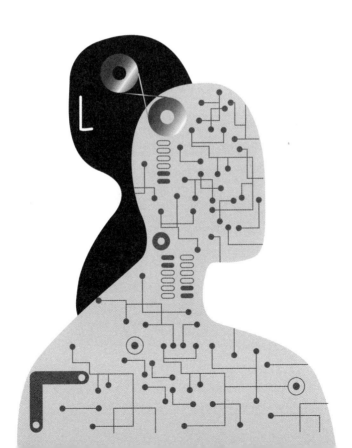

30

用 AI 改變工作，
需舉全村之力

　　非洲有一句諺語：「撫養一個孩子需要舉全村之力。」
意思是村子裡需要很多人和孩子、彼此之間的互動，才能
妥善撫養孩子。在公司的環境裡導入 AI 改變工作，也是
一樣的情況。我們和使用 AI 改變工作方式的公司和組織
合作時，不斷發現組織裡的許多部分都要一同參與，才能
實現這個目標。

　　一開始，我們沒想到村子的概念。我們計劃採訪組織
裡的第一線人員，他們在智慧機器的協助下，以新的方式
工作。

　　然而，我們不斷地發現，為了充分描述工作、技術並
掌握改變的過程，我們也必須採訪並說明其他人和團體的
狀況。雖然我們想要描繪第一線員工，但最後總會採訪我

們說過的專案經理、領導者和執行發起者。

領導者和倡議者可以做的事

之所以這樣做，並不是因為他們想掠美別人的想法。在大多數情況下，他們是提倡建立 AI 系統、改變業務流程，以及相關工作角色背後的主要推手。

推動改變的經費來自他們的預算，他們對於新工作流程的執行方式懷抱著願景，並發起第一線人員進行任何必要的再訓練和技能再造。最重要的是，他們是唯一能夠制訂政策，確保當生產力提高時不會縮減人力。這是打造安全環境的重要面向，鼓勵員工和開發、部署這些系統的團隊，分享他們的知識和回饋。

在一些組織中，專案的倡議者是中階經理，但在大多數情況下他們是高階領導層。最起碼，他們是從事工作創新相關職能或業務部門的負責人。

幾乎在所有案例裡，這些改變的領導者都致力打造出：讓聰明的人類和智慧機器能夠合作的工作環境。例如，星展銀行開發了一種利用 AI 從事反洗錢的新方法，其合規主管評論表示：

到目前為止，我們所做的是使用 AI 的方法，來強化分析師做出正確決策的能力，而不是完全的自動化流程。實際上這是一種強化的智慧，而不是 AI。

　　人為判斷會在一定程度上減緩決策過程，但我們認為不能把人類從最終決策裡排除，因為在評估什麼是可疑行為時，總會有主觀因素。我們無法消除這些主觀因素，但我們可以最大程度減少人類分析師在審查和評估警報時，所需的手動工作。

　　值得注意的是，洗錢和逃避制裁者總是在找新的方法作惡，員工需要運用我們的技術和資料分析能力，因應這些新興的威脅。我們希望解放員工花在審查警報上繁瑣的手動工作時間，並利用這些時間，跟上新出現的威脅。

　　這位高層並不認為這個過程不需要人類，甚至最後淘汰，因此他組織裡的員工，每天都積極和 AI 系統和支援系統合作，希望能在反洗錢流程中得到最好的結果。該公司會回過頭來，透過擴大這些第一線工人的工作範圍，將提高的生產力繼續「再投資」。

第一線主管的重責大任

談到建立新的工作流程和模式時，和 AI 合作完成工作的第一線主管，也可以發揮重要作用。他們通常會協助設計工作流程的細節，包括如何監控和衡量工作產出。他們可能還需要根據使用者的回饋，以及衡量實現績效目標的落差，推動技術改進。他們通常是組織和外部供應商互動的重要（有時是主要）窗口。在某些情況下，導入 AI 系統是他們的想法。

例如，珍妮佛・舒米契在直覺軟體公司擔任內容系統資深經理時，管理著三人的小團隊，他們使用 AI 文案編輯系統 Writer，提高公司近一萬名員工的寫作水準。由於她對如何利用技術改善內容愈來愈有興趣，於是她說服老闆——直覺軟體公司的內容總監蒂娜・奧謝（Tina O'Shea）——讓她改變自己的職稱頭銜，以承認「內容系統」的重要性。她的倡議也讓公司採用了 Writer 系統。她和幾位同事意識到，他們無法親自編輯一萬名同事的文章。採用 Writer 工具後，他們不再從事編輯工作，而是專門和公司裡的特定部門一起合作，制訂內容分類的方法和企業風格指南，並確定內容使用者的意圖。

導入 AI 對第一線員工的影響

由於我們一開始的目標，是關注 AI 如何影響第一線員工的工作，因此我們特別注重他們在「村子」裡的角色。我們採訪的所有第一線員工，都對他們使用的智慧機器持正面態度。他們都沒有表達或暗示自己擔心被正在使用的 AI 系統取代。我們訪談的所有員工裡，幾乎都表示他們認為在自己工作的崗位上，永遠都需要人類參與。他們通常會提到人類需要檢查機器的建議和輸出，結合脈絡和公司特定的策略和價值考量（思考大方向），同時要和許多其他人進行工作交流，並處理非典型或意外情況。

這些第一線員工，大多肯定 AI 支援系統為他們工作帶來的貢獻。例如，在許多情況下，使用這些系統可以讓他們工作更獨立，並且通常可以按照自己的時間表工作。由於這些系統和修改後的工作流程結合，因此消除或大幅減少苦差事。許多第一線員工表示，這樣做讓他們的工作更需要動腦。在我們研究的每個案例裡，工作流程生產力顯然都提高了，因為在給定的時間裡，員工可以處理更多事情，在更短的時間內完成特定任務，或者用更廣泛、更高品質的方式完成任務。[1]

然而，這些新技術對第一線員工的能力要求，也愈來

愈高。有一些人表示，他們的工作非常需要動腦，因為 AI 支援系統完成了他們以前的一部分工作，包括繁瑣的資訊蒐集和操作，或者重複處理的工作。雖然這類任務單調又乏味，但很直接且單純，因此就算很無聊，也很容易完成。比起簡單地做苦差事和標準的操作，仔細檢查機器的建議和輸出，結合之前和目前的知識、脈絡、公司特定的策略和價值考量，則更加需要動腦。同樣地，和其他人交流工作和適當溝通的需求，特別是在處理新的情況時，需要更高層次和更整合性的技能。

我們採訪的幾位第一線員工特別表示，他們之所以能夠成功完成改變後的工作任務，是因為之前在工作和組織方面擁有豐富的經驗。他們深厚的背景知識源於先前的經驗，那些經驗使他們具備了以新方式工作所需的能力。於是，這裡會出現新進員工可能面臨的特殊挑戰問題。我們將在隨後的章節中，討論這個主題。

此外，第一線的工作者必須經驗豐富且能分辨不同的技術。和電腦輔助翻譯軟體 Lilt 一起工作的艾莉卡·斯托姆表示，過去她用過幾種不同的電腦輔助翻譯軟體，但大多數的軟體都「太笨」，會妨礙她工作。她覺得不用那些軟體，工作的狀況反而好很多。她說，這些工具「必須快速、有效率又正確，否則就是垃圾。」她喜歡用 Lilt，因

為發現該軟體確實能有效支援她，並提高工作效率。

雖然，我們採訪的第一線工作者沒有提到，但他們使用的 AI 系統，往往可以讓雇主監控他們的工作。新加坡樟宜機場的高級購物中心——星耀樟宜，感應器和行動應用程式會通知指揮中心，保全和其他地勤人員則隨時待命。在港灣人壽和醫療編碼的案例中，相關公司很容易監測承保的保單數量，以及多少醫師諮詢得到編碼。

在 ChowNow，經理使用 RingDNA 系統監控第一線銷售，以及行銷人員在推廣工作上的表現，並以他們增加多少客戶和銷售額衡量其貢獻。即使第一線工作人員是層級較高的專業人士，例如，使用「下一個最佳行動」系統的摩根士丹利財富管理機構，或使用 Gravyty 系統的阿肯色州立大學募款活動，他們所有的推廣工作、後續回饋，以及最後轉換成收入的程度，系統都會自動追蹤並用於管理報告中。

最起碼，雷帝斯金融集團這個例子，可以說明在普遍監控數位化流程的績效時，仍然可以帶來極高的工作滿意度和員工士氣。

我們清楚地看到，第一線員工願意探索和學習新技術，透過分享他們對流程行為和需求的知識為專案帶來貢獻，提供操作和可用回饋，並適應工作流程和環境的變

化，這些都是讓 AI 可以在工作場合裡繼續成功實施的關鍵。我們還不是很清楚，人們採用 AI 持續增加將如何影響未來就業。但我們確信，未來的系統設計、部署，以及部署後的持續營運支援工作，將在第一線員工的參與和大力支持下，取得更好的成果，尤其他們是最密切使用並監督 AI 系統的人。

同樣的道理，也適用在監督和管理全自動 AI 系統的人員身上，例如數位除草機的例子，或史丹佛醫療中心藥局自動化的案例。[2]

資訊科技和資料科學專家日益重要

在我們所有的案例裡，AI 系統已經部署在生產環境裡。為了實現這個目標，所有相關的公司，都需要公司內部的資訊科技和資料科學家進行大量的前期工作，通常還需要外部供應商一定程度的協助，才能將新的 AI 系統整合內部技術基礎設施和現有軟體應用程式。

在我們許多案例裡，設計、部署和支援 AI 解決方案所需的大量工作，是由公司內部的資訊科技專業人士完成，這類人員還包括專業的資料科學或 AI 團隊成員。

這些專業技術人員可能為公司開發了特定的應用程式，就像港灣人壽／萬通保險和蝦皮那樣。就像我們將在之後說明的，他們可能還開發了支援 AI 系統的底層平臺。或者，他們可能致力於整合供應商的解決方案並予以情境化，例如 84.51°／克羅格、直覺軟體公司、ChowNow，以及北卡羅來納州威明頓警察局的例子；或者母公司的解決方案，例如好醫生科技的情況。

在我們一些案例裡，應用 AI 會牽涉到所有這些情況，這就是星展銀行、星耀樟宜商城的策安，以及其他幾家公司發生的情況。

此外，我們研究的所有系統都由數據驅動，使用數字、視覺或文字輸入，並在採納或反駁系統給的建議、預測或警報時，同時納入來自第一線使用者的回饋。

隨著系統不斷從經驗和回饋裡學習，模型也必須持續完善和更新。如果環境出現變化，超出一開始部署時的訓練資料設定的範圍，則需要重新訓練模型。

在幕後，組織內部的資訊科技和資料科學團隊，需要做許多工作，才能將這些新系統整合到其持續營運的技術基礎架構中。

跨企業、跨職能角色與團隊需求高

在許多案例裡，我們遇到幾種類型的職務和團隊，這些職務和團隊是專門為跨越整個企業而打造，並刻意縮短業務和資訊科技部門之間的差距。其中一項職務，是由蝦皮的 AI 系統或服務產品經理擔任，他負責推動企業內部協調，並確定在系統整個生命週期裡，各利益相關方最終決定的功能需求、需求範圍、開發、部署和持續支援。

有些公司還雇用「AI 翻譯員」，他們是負責在 AI 開發人員和業務專業人士之間的溝通者。[3] 其他案例包括用於執行專案，技術指導和業務流程，以及部署政策的跨職能團隊。第三個例子是專門為處理使用 AI 系統的治理、合規或道德實踐等，而成立或擴大的團隊。

港灣人壽的「數位核保人」，與數位承保子公司資訊科技產品開發人員之間的關係，以及他們與母公司萬通保險之間的關係，都說明了想要有效合作，就必須要有密切的跨職能關係。

AI 核保平臺的「產品負責人」拉姆‧巴列斯特羅斯表示，他的團隊非常注重數位核保的工作流程，以及新工具如何協助承保人的職業發展。他們很仔細設計平臺的使用者介面，目的是讓承保人無需任何特殊訓練，即可使用

平臺並開始承保。該團隊每星期會和核保人見面,討論如何改進平臺,並每隔幾星期發布新版本。

　　蝦皮的例子說明了:產品經理如何在企業主團隊和工程團隊之間工作,並充當他們的溝通橋梁。產品經理克里斯·陳解釋:「我和我的產品管理團隊是指揮者、協調者和整合者。我們會和工程團隊、當地國家的團隊、業務團隊、內部支援團隊合作,有時候還會和客戶或其他外部各方合作。我們要確保負責的新服務產品或平臺功能,具備我們要的一致性、協調和跨職能合作。我們透過開發、試點部署、多國推廣和拓展來達到這個目標。」

　　在賽富時的案例裡,倫理 AI 實踐團隊的負責人凱西·巴克斯特,和她的同事建立了指導原則、實踐以及訓練和教育材料,公司所有部門都在使用這些材料,作為有系統地實踐倫理 AI 的基礎。他們也會擔任產品團隊、資料科學團隊以及業務和商業團隊的專家顧問,以實際方法辨識和解決與賽富時專案相關的倫理問題。她評論:「關鍵是讓我們的賽富時倫理 AI 實踐方法變得具體,又符合情境所需,適應每個特定的業務功能、每個獨特的應用程式,甚至是特定國家的要求,並以符合我們公司對倫理實踐的價值做到這一點。」

外部供應商的經驗很重要

如果沒有外部軟體供應商的協助，我們就不可能探討到書中的一些例子。在某些情況下，是外部供應商引導我們去訪談它們的客戶。我們承認，這樣做可能意味著它們會引導我們，去探討它們在 AI 系統使用上最成功和最讓人滿意的客戶，而不是其典型客戶。也就是說，AI 系統的供應商或它們運作的平臺，對於 AI 技術在市場上的成功十分重要。

雖然我們有一些案例公司，例如港灣人壽和星展銀行，建立了自己的 AI 系統，但最近的商業調查結果顯示，有愈來愈多公司更願意購買系統，而不是建立自己的 AI 解決方案。[4] 也有愈來愈多的 AI 功能，內建至交易系統中，例如我們在賽富時行銷雲端裡描述的功能（請參閱 ChowNow 和賽富時的例子）。使用內建的 AI 功能，無疑會讓 AI 的開發、部署和持續支援過程變得比較容易，儘管這樣做確實會讓公司更依賴外部供應商。

供應商愈來愈有能力提供機器學習的功能，為每位客戶客製化和個人化其系統裡的內容。例如，Lilt 為每位譯者建議客製化的翻譯術語；RingDNA 給內部銷售人員的建議同樣經過客製化，幫助他們成功地為客戶安排簡報。

當有支援的訓練數據可用時，供應商可以用相對簡單的方式，針對特定公司的特定脈絡進行個人化，而無需大幅增加工作量。這是 AI 系統以數據驅動的機器學習，自然而然就具備的能力。

在蒐集的案例裡，我們觀察到供應商會以下列幾種方式，為其客戶部署 AI 應用程式和提供服務：

1. **擔任顧問和專家的角色**：例如，供應商有時候會為客戶提供專案諮詢，或提供有關 AI 模型的深度專業知識。

2. **提供軟體工具和應用程式套件**：供應商可以提供分析建模或流程自動化軟體模組，或是供客戶公司使用的專業領域應用程式環境。供應商的產品可以在公司的基礎設施裡施作，也可以透過供應商提供的外部雲端服務存取。當供應商提供的軟體或應用程式套件，專門要在人們廣泛使用的企業軟體系統（例如賽富時、SAP、甲骨文）中，或者與之緊密整合，這時候就會出現特殊狀況。通常，提供軟體工具和軟體套件的供應商，也會有諮詢服務。

3. **提供 AI 服務**：供應商的員工也會使用 AI 系統。供應商利用其內部 AI 平臺和應用程式的功能，提供

所謂「○○即服務」（X-as-a-service，X可以用任何字替換）的服務，並把結果送回給客戶和其他需要結果的人。客戶可以和供應商建立直接的數位連結，以便供應商的系統可以自動存取必要資料，並且自動送回結果。或者，客戶可以透過大量傳輸資訊或向供應商送出實體樣本，以便供應商進行 AI 處理和分析，然後供應商以批次的模式回傳結果或報告。

4. **轉為內部供應商**：擔任外部專門從事資料科學的實體，或是資料科學領域的專業實體，然後被大型客戶公司收購，成為客戶公司內部的全資子公司，充當公司內部供應商（例如，84.51°被克羅格收購成為子公司）。

5. 混合上述四種方式。

在我們一些案例裡，建立和部署系統的大部分工作，都是由外部供應商以某種混合上述角色的方式完成。在其他情況下，有些公司在各種資訊科技和資料科學上，也有很強的能力，因為它們會選擇性地採用外部供應商，完成專案某些部分（尤其是早期的部分）。或者決定向外部供應商採購，使用供應商的產品和服務來「滿足」特定工具

或應用程式的環境。

客戶與合作夥伴的關鍵反饋

　　某些情況下，我們所描述的公司客戶和合作夥伴，對於公司 AI 系統解決方案的方法及其成功結果，有很大的影響。新加坡大型購物中心星耀樟宜，位於樟宜機場內，該機場也是星耀樟宜的合作開發夥伴，參與了策安新安全方法的設計和批准。

　　波士頓 MBTA，其鐵路系統營運商和維護商凱奧雷斯通勤服務公司，必須購買並使用 AI 機油分析系統。同樣地，在新加坡的城市鐵路網絡裡，私部門鐵路營運商必須使用政府交通管理局的 AI 工具，進行維護和資產管理。在 Lilt，亞瑟士數位是採用該公司電腦輔助翻譯軟體的客戶之一。亞瑟士會指定其偏好的本地化翻譯類型，Lilt 的機器學習系統則學會一致地使用這些類型。

綜觀你的村子與現有資源

書中所有案例研究的特點之一，便是它們涉及特定組織內外許多不同群體和參與者之間高度複雜的協作。事實上，AI 演算法和方法的新發展，正以驚人的速度進行。但是，在任何現實的工作環境裡，尤其是在大型組織中，整合技術、人員、工作職務與組織單位的所有內容，是一項非常複雜的任務。

我們每個研究案例，都出現了上述所有或部分工作職務之間的複雜合作，這一點有很重要的意義。**想打造 AI 新系統的平臺和基礎設施與配套的工作流程**，不是一件簡單或可以快速完成的事。即使採用敏捷的方法開發解決方案，使用更標準化、商品化的產品，並且快速最佳化供應商的產品，我們仍然**需要時間、精力和大量人力，協調公司內各個組織單位，以及關鍵的外部合作夥伴之間的必要合作**。正如喬治・衛斯特曼（George Westerman，編按：MIT 史隆管理學院教授）和湯瑪斯・戴文波特（Tom Davenport，編按：貝伯森學院資訊科技暨管理學教授）所言，數位技術的第一定律是技術變化得很快，但組織變化卻非常慢。[5]

想要一開始就達成 AI 系統的一切，以及讓彼此關聯

的工作流程全部就緒且運作，本身就需要耗費很大的力氣。然而，做到這裡工作還沒完，**人們還要不斷地（通常是長期努力）改進系統和工作流程的效能**，以滿足公司目標和不斷變化的效能期望。在實務裡，部署後需要繼續進行系統訓練，才能追蹤到持續改進這些系統效能所需的回饋。此外，隨著公司的業務環境、技術基礎設施、資料來源和流程不斷變化，後續總會出現一系列大大小小的專案工作，要去修改、重新驗證和重新穩定系統，以應對這些變化。

我們的建議是，任何有興趣促進以 AI 進行新工作的公司，首先都應該確認、了解和參與解決方案裡，由利益相關者和參與者構成的複雜生態系統。新的 AI 工作所需的任務和關係網絡非常複雜，組織應該用結構化的專案或產品管理方法，管理整體工作。公司也應該使用結構化和非結構化的溝通工具，讓這個職務生態系統裡的成員，保持頻繁互動。

沒有合作環境，一切都是空談

新的 AI 技術（如果技術得以充分部署和有效利用），

之所以並非只由資料科學家和資料工程師打造，其中一個原因是合作環境，因為它們不只是系統，而是新的技術、新的商業模式、新的工作設計、新技能和新的財務安排。有些公司把帶領這類合作關係者稱為產品經理，他們需要具備多種技能。我們認為，許多公司設立這樣的職務是明智之舉。產品經理的技術和理解能力，對該職務來說十分重要，但管理改革的技巧、建立信任能力，和有效的溝通技巧同樣極為重要。

如果你擔心 AI 會對工作帶來負面影響，那麼這應該是好消息，因為**我們仍需要人類扮演許多不同的角色，打造、部署、操作和維護這些系統**。即使運用 AI 支援和自動化的工作愈來愈多，以及範圍不斷擴大的工作任務，但是負責計劃、打造、部署、監控和不斷改善這些系統的人類，其工作量也在同步增加。人們還要弄清楚如何使用這些新的 AI 來支援公司功能，以提高收入、提高生產力、支援永續發展要求，或滿足合規要求。

我們認為，無論是大公司或小公司，都在增加使用 AI 系統，但人類還是有很多新東西和其他事情可以做。我們也預計會出現各種新的職務，讓這類型的村子能夠成功，包括深度技術專家的職務、業務單位和行政支援單位中懂技術的使用者相關職務，尤其是跨領域的職務。我們

這樣說，不表示不會有勞動力被直接取代。一定會有的。
我們也趕斬釘截鐵地說，這不是智慧機器不斷改變人類工
作性質的主要影響。

31

人人都是技術人員，
或至少有混合角色

起碼我們（兩位作者）開始工作以來，公司長期都有
「業務」人員和「資訊科技」人員，而且他們之間一直都
有鴻溝。商務人士從事行銷、銷售、營運、人力資源、財
務或一般管理等工作；資訊科技人員則建置、購買和管理
資訊系統，供業務人員使用。

資訊科技的職務包括網路經理、基礎設施工程師、資
料庫管理員、應用程式開發人員、解決方案架構師和資
訊長。近年來，資料工程師、分析專家、資料科學家、AI
／機器學習工程師和分析長的職務，擴大了資訊科技相關
職務的範圍，雖然，他們目前可能不會向資訊科技部門報
告。資料分析、數位轉型和 AI 支援等最新趨勢，只會讓
業務與資訊科技之間的差距，變得更加多面且難以弭平。

2007 年，一本資訊科技專業雜誌中有篇文章，適當總結了當時的情況：「開發人員的思維方式和業務人員完全不同。」[1] 這個評論至今仍然非常貼切。這句引文的最新版本，還應該包含所有新的資料工程和 AI 技術專家，這些專家需要取得模型訓練的數據，將數據輸入平臺和 AI ／機器學習模型的流程裡，並把它部署在公司內外的基礎建設上，讓 AI 分析應用程式能夠運作。有些人認為，組織內的業務和資訊科技相關技術單位（包括一般資訊科技和 AI 部門）之間的差距，已經擴大並出現新的層級。因為 AI 團隊和資訊科技部門的其他部分之間，可能也存在落差。長期以來，人們一直努力並設立專門的職位，解決業務和資訊科技之間的差距。

在商業電腦早期，也就是 1950 年代到 1980 年代期間，有些系統程式設計師成為「系統分析師」，他們除了處理程式設計外，也會直接和使用者討論系統需求。從 1980 年代左右開始，這種和各終端使用者和業務利益相關者直接溝通的角色，逐漸演變成業務分析師的職位。

根據美國勞工統計局的資料顯示，若以統計局的職稱計算，例如電腦系統分析師和管理分析師，過去數十年來，美國商業分析師職位的就業人數一直穩定成長中，並預計將在 2019 年至 2029 年的十年間繼續成長，而且大多

數職業的成長率都高於平均值。例如,電腦系統分析師為7%,管理分析師則是11%。[2]

可惜的是,雖然組織增加了一些專門職位,企圖弭平業務與資訊科技部門之間的差距,但在大多數組織裡,這兩類員工之間仍然有巨大的鴻溝。商業人士大多不了解技術,覺得技術很難理解和使用;技術人員通常對技術本身更熟悉並有興趣,至於技術如何在商業問題和流程裡加以改善,他們則沒那麼感興趣,因此,很難得到業務人員的信任和合作。

過去四十年來,大部分資訊科技的管理文獻,都致力於理解這個差距,並提出消弭或弭平這個差距的方法。但大多數這類的嘗試,只取得了有限的成果。[3]

業務和資訊科技混合的職務

根據我們研究案例時的觀察,我們認為人們在縮小業務和資訊科技部門的差距上,已經有實質進展,至少那些已經成功部署 AI 和相關自動化解決方案的公司內部如此。案例裡描述的許多人,都深入參與過如何使用資料和技術,以解決特定的業務問題,這些人都在自己的部門和單

位，而不是在資訊科技部門。他們沒有接受過正式的技術訓練，甚至可能沒有技術相關的職稱。然而，如果你在工作中聽到他們說話或觀察他們工作，你很難看出他們和資深的技術人員有什麼不同。他們的不同之處，在於他們是業務或管理單位的員工。他們對於自己直接負責的業務需求，以及如何使用技術滿足這些需求，有深入的了解。簡言之，他們的職務結合了業務與技術。

事實上，幾乎我們介紹的所有公司，至少有一個人擔任這類角色，雖然我們並未在案例研究裡都將其納入。

他們每個人在自己的職務或單位裡，至少都要負責一部分牽涉採購、建置、改善或營運 AI 的解決方案。他們可能和組織內的資訊科技員工、資料科學家或和外部供應商合作，但他們工作裡很重要的一部分，是他們具備以業務相關方式利用技術的能力。他們不一定接受過資訊科技的訓練，也可能不知道怎麼寫程式，但他們知道完成工作所需的技術能力，以及應該如何落實這些能力。他們不僅知道如何在特定職務使用數據和分析，而且也知道如何在業務流程，以及和他們互動的第一線員工裡，使用數據和分析。

數位轉型不再是趨勢，是日常

當資訊科技滲透到商業和生活中各個層面時，自然而然就會出現這種發展。正如馬克・安德森（Marc Andreesen，編按：美國傳奇企業家和投資者）在 2011 年所言，「正在吞噬這個世界」的不只是軟體，數位轉型也正吞噬這個世界。[4] 實際上，今天每個人都必須熟悉資訊科技，至少要熟悉他們使用的個人生產力工具和遠端協作工具，才能在職場上取得成功，甚至和家人溝通。組織裡的每個人，無論他們是什麼職位或階層，都可以受益於使用數據和分析來做決策。至少在某種程度上，每個企業都是數位化企業。許多家庭能夠處理資料的能力，比幾十年前大多數資料中心的處理能力更加強大。

我們已經看到資訊科技的職務，在整個企業上下擴展。不僅本書囊括的案例如此，在其他地方也是如此。最近一項研究資訊長角色變化的結果顯示，資訊科技部門中許多人現在擁有商業背景，而不是技術背景。[5] 隨著雲端和供應商提供的服務愈來愈多，幾位資訊長評論，由於他們廣泛使用這些外部服務，他們不需要再花大量時間管理公司內部的技術基礎設施。有些人表示，他們愈來愈難區分公司的資訊科技人員和業務人員，因為後者知道如何在

工作中使用資訊科技。有些人甚至推測，其組織裡資訊科技職能的某些部分，最後可能將在未來的某個時間點，整併到更廣泛的業務裡。[6]

　　即使是組織裡的資深技術專家，其職務也要朝著取得業務和產業知識方向混合。現在，大多數公司和服務提供者，都希望所有和資訊科技相關專家，要對他們進行專業工作的產業環境有一定程度的了解，並知道如何運用別人可以理解的語言，和使用者及利害關係人溝通。例如，Stitch Fix 教導公司所有資料科學家，以及所有非專業造型師員工，如何為客戶設計造型。他們的資料科學主管評論，這種不尋常的組合，幫助她個人了解演算法和造型建議之間如何相互作用。

　　資訊科技專家的技能架構，現在明確包含業務和協作能力，以及通用的技術能力。這些技能是為了消弭業務和資訊科技之間的差距，推動技術端到業務端的整合。[7]計算機科學的大學課程，以及網路安全、軟體工程、AI 和資料科學等相關課程，一直在增加學生接觸「專業實務」技術的機會，以便加強該主修的畢業生能在現實世界裡、組織複雜的生態系統中，和商業同行有效合作的能力。[8]我們認為，這些都是幫助技術專業人士縮小和商業同行間差距的好例子。

為混合業務和資訊科技職務做好準備

在我們的採訪中，來自商業領域但後來進入科技業的許多人表示，他們一直以業餘愛好者的身分關注科技發展。他們經常提升個人技術，嘗試新的應用程式和網路服務，並且往往是家中主要提供技術協助者。

若你想得到這類領域一些正式知識，也不會很難。如果你瀏覽許多認識的非資訊科技或資料科學／AI 專家的 LinkedIn 頁面，你會發現，他們常提到程式語言 Python、快速上手亞馬遜雲端伺服器（Getting Started with AWS），或 MatLab 程式設計等相關課程和證書。這些課程很多是免費的，因此除了接受資訊系統、電腦科學或其他工程領域正式訓練的人之外，很多人也更容易得到解決特定資訊科技任務或問題所需知識。

當然，人們也會在工作中學習。我們採訪過幾位熟悉技術的業務人員表示，他們是刻意選擇那些職務，並經常說服老闆讓他們擔任以技術為主的職位。

直覺軟體公司的珍妮佛‧舒米契，一開始是個文案人員，多年來一直撰寫各種形式的文案，但後來她開始參加、建立並管理內容相關的會議，並了解「內容系統架構師」職位。她帶領大家導入 Writer.com，並和老闆一起把

她的工作設計成內容系統主管。

這種抱負和探索技術的水準，可能是業務人員或專職專家，把自己拓展成同時具備業務和技術混合職務最重要的特性。在大多數情況下，組織裡並沒有創造這些職務的方法或守則，因此個人必須靠自身努力取得成功。

有遠見的資訊科技組織，應該制定輪調計劃，讓「業務端」人員全職從事技術設計和部署專案，同時讓技術專家融入業務部門。

例如，84.51°和克羅格在資料科學組織裡，嵌入「洞察專家」的職務。這種高密度跨職能的沉浸式學習，加速並加深了技術專家和業務人員對技能和脈絡的學習，試圖縮小與「另一方」的差距。

來自業務或技術方面的人員，要了解和企業技術相關的另一個重要考慮因素。他們學習如何從業務的角度和技術的角度，思考和安全性、可擴展性、部署時間、可用性、成本和供應商管理等相關的權衡。尤其對資訊科技組織而言，採用這種方法是明智的做法，因為他們在整個公司裡都需要有能夠同理他們的合作夥伴。

突破職務框架，人人是生產單位

混合商業與科技雙重角色的現象，並非只是流行或暫時的。隨著時間推移，公司和員工只會處理愈來愈多的技術、數據、軟體和數位化。任何想要在產業競爭裡成功的公司，不僅要超越傳統的競爭對手，還要超越原生的數位新貴。他們必須滿足懂技術的顧客的期望，這些顧客習慣簡便無痕的線上購物，精緻的介面和內建的社群媒體功能，以及愈來愈普遍的線上客服和自助服務。

我們已經到了這樣的地步：在這種環境下，企業裡如果只有資訊科技職能的員工才精通技術，想要成功便是空想。聰明的組織將效仿德勤和星展銀行等公司的領導者，這些公司的使命是每個員工都必須精通技術，並接受組織的訓練。個人需要迅速行動，要在技術能力和將這些能力應用於業務環境上，才能脫穎而出。很快地，每個人都會在某種程度上擁有這些技能，否則他們在勞動市場就不具競爭力。所以，問題不是需不需要擔任混合業務與資訊科技的角色，而是採用哪一種類型的混合，以及混合到什麼程度。

32

讓 AI 發揮作用的平臺

　　「平臺」是 20 世紀初最受歡迎的詞之一。一般將平臺定義為可以站上去的東西，而在科技世界裡，它可以表示多邊商業模式（multisided business model）、技術基礎設施。或者，在本書脈絡下，是指設計用來達成業務目標，並讓另一個系統有效運作的系統。

　　AI 驅動的決策，例如分類、預測、推薦、預報和最佳化執行計劃，需要在決策發生前後執行某些動作。在大多數情況下，決策前必須先有資料，做出決策後，必須啟動一系列後續事務和子決策來支援該決策。平臺可以支援我們對 AI 應用程式輸入東西，讓應用程式給予我們輸出這種點到點的流程。

　　平臺是支援 AI 應用程式的底層系統，負責繁重的數

據汲取、整合和管理工作，涵蓋各種數據類型和階段。它們雖然不那麼吸引人，卻是整個 AI 實際運作系統裡同樣重要的部分。如果沒有底層平臺，AI 系統和使用它的員工就無法有效運作。

平臺資料分析的進化

重要的是要記住，機器學習演算法不僅會根據資料訓練，也會在「評分」的過程中，使用資料得出上述各種類型的決策。支援訓練、評估、部署以及不斷更新和維護機器學習模型，需要大量數據，這表示數據必須由平臺傳送給演算法。例如，新加坡的星展銀行，該銀行的反洗錢（洗錢防制）應用程式資料，來自銀行各個前台和中台（front-and middle-office）職務部門的各種資料生成系統，並由專門設計用來支援洗錢防制活動的平臺，傳送給機器學習的演算法。

不同的機器學習模型流程的階段，對平臺有不同類型的需求。訓練和評估模型往往需要大量資料。在生產部署時，當訓練好的模型對特定交易或一組交易加以評分，以便能夠預測或分類時，平臺可能只需要處理相對較少的數

據，但需在組織內多個不同系統裡，取得模型要用的數據值，而且通常要即時取得。

　　平臺可以對資料做更多事情，而不只有為演算法提供一些數據值。想要得到明智的決策，通常需有透明度和脈絡的支援。有些公司把它們的平臺，設計用來提供支援性的分析功能，例如讓使用者查看結果的機率分布，或者查看其他類似案例。

　　在星展銀行的案例中，他們的監控平臺還支援精巧的使用者界面應用程式，讓監控分析師查看用來預測風險評分的數據來源和具體數值。這個由平臺支援的應用程式，會說明為什麼模型如此計算風險的評分計算。星展銀行的監控平臺，還可以把數據輸入金融交易網絡的分析應用程式。騙子往往會和其他騙子有所牽連，因此可以根據他擁有的公司，分析涉嫌洗錢者。此類網絡資訊為人類分析師提供了更多背景資料，可以進一步提高模型輸出的透明度。

　　AI 數據平臺，也有可能包含或提供和其他類型分析整合的連結，這些分析可以擴大決策的下游影響。有些公司將數據驅動的機器學習系統，輸入至規劃和模擬的模型中，這些模型可以進行「假設性」分析，以探索選擇特定建議或資源配置方案的影響。例如，在新加坡陸路交通管

理局的案例裡，FASTER 平臺將干擾交通網的預測和即時狀態，更新輸入至模擬系統，用以評估可作為應對問題的最佳替代方案。當然，想要做到這一點，平臺需要更多數據，而不只有讓演算法做出初始決策建議所需的數據值，它還需要取得模擬所需的一切數據。

平臺行動的進化

AI 平臺——起碼有一些平臺——也需要根據建議或決策採取行動，這些操作是透過平臺的子系統，或提供工作流程和編排功能的並行平臺來執行。例如，AI 愈來愈常和提供工作流程元件的機器人流程自動化結合運用。就像我們對住宅抵押貸款處理公司——雷帝斯金融集團的研究案例中所述，AI 可以用來辨識與取得和抵押貸款相關申請文件裡的必要資訊，而機器人流程自動化則用於自動化抵押貸款處理流程和其他支援任務。

數位廣告是另一個常見例子，將 AI 平臺的預測和決策，與根據工作流程採取行動這兩者之間，進行緊密結合。用於「將購買程序化」的 AI 應用程式，會決定數位廣告應該投放在哪個媒體的網站上，才能觸及願意觀看該

廣告的目標用戶。為了執行這個行動計劃,「需求方平臺」執行其他所需的操作,包括協商費率或拍賣以確定投放廣告的價格,並且實際將廣告投放到網站上。許多供應商會在特定領域(包括數位廣告)裡,提供這種整合決策和執行行動的平臺。在電通案例中,我們談到公民開發人員會使用機器人流程自動化執行微任務,自動化是這類數位廣告流程後端行政工作的一部分。

有些大公司,例如寶僑公司,在決策和下游執行上,有其廣泛的特定需求,因此開發了自己的平臺,結合這兩種類型的功能。印度星展行動銀行是個很好的例子,該公司將實驗規劃與執行、預測分析和後續糾正措施,整合在一個平臺上。

把針對 AI 系統與其他類型的供應商平臺加以結合,也是可能的做法。例如,Skai ——由 Signals Analytics(編按:提供數據分析和商業智慧解決方案公司)和 Kenshoo(編按:美國數字化行銷公司)合併而成,採用機器學習和自然語言處理,理解資料和文字裡的訊號和模式,以辨識消費者市場的變化。

該系統會根據它對消費者行為變化的預測,生成自動化建議,然後通過 Skai 的活動管理平臺,在有人類行銷人員參與的情況下,自動轉化為客戶公司的行動措施。我

們的 ChowNow 案例，還說明了 AI 支援系統（RingDNA），如何與供應商平臺（Salesforce.com）緊密連結，其中包含許多 AI 應用程式。

有些 AI 平臺不具備行動的功能。例如，加拿大新創公司 bluedot，便說它們是用來預警傳染病爆發的情報平臺。該平臺使用自然語言 AI，是最早發現中國 COVID-19 疫情的一個西方來源。[1] 然而，bluedot 並不會產生行動決策，也不提供行動平臺，其目的只是告知人類它預測可能爆發新的傳染病，促使使用者採取必要的行動。

麥迪安網路安全公司的 ATOMICITY 資訊科技工具，是網路監控情報平臺的另一個例子，該平臺追蹤網路威脅集群，並評估未辨識的威脅集群是否與熟悉的威脅集群類似。如果分析師在 ATOMICITY 資訊科技的協助下，認為未知威脅可能與熟悉的威脅有關，那麼他將使用麥迪安的其他平臺和應用程式，採取後續的行動。

最常見的 AI 協作平台

目前市面上至少使用三種類型的 AI 平臺，賽富時、摩根士丹利和星展銀行等大型組織，都採用這三種方式。

AI 能力較差的組織只有一個平臺，而 AI 部署能力更差的公司則一個平臺都沒有。這三種類型的自動化程度不斷提高，因此人類參與程度不斷降低。

- **探索支援平臺**：在人類參與度最高的平臺裡，通常是為了探索數據，並支援人類最終解釋與決策而設計的平臺。該平臺的功能包括：一，提供數據、查詢和分析的訪問；二，使用機器學習的 AI 模型處理數字、語言和視覺圖像數據，以支援理解、解釋和情況評估。使用方式是開放式的、很大程度是非結構化且靈活的用法。這種靈活性的缺點是，使用者通常必須具備高水準的技巧和領域知識，才能有效使用。[2]

- **交易支援平臺**：有些平臺主要用於執行複雜程度不一的重複性業務交易。AI 作為交易的一部分，常被用來改善人類的決策。在任何應用程式裡，AI 系統為人類提供按照機率高低或推薦程度高低排序的清單，這些都是交易支援平臺的例子。阿肯色州立大學人員使用的 Gravyty 募款應用程式，就會建立這樣的清單。更複雜的情境，可能是使用機器學習工具進行網絡威脅歸因，系統會根據機率為專家

分析師提供評分，以評估新威脅集群與先前已知的網絡威脅行為者的相似程度，例如我們提過的麥迪安網路公司案例。

- **自動化決策平臺**：有些平臺無需任何人工參與，即可做出自動化決策。人類觀察者也許能夠或無法檢查該決策，甚至無法確定為何做出某個特定決策。由於我們所有的研究案例，都牽涉到人類與 AI 的互動，因此本書沒有完全自動化平臺的案例。通常，這些類型平臺不僅會產生高度結構化和數據驅動的決策，而且執行速度非常快，比人類能夠跟上的速度還要快很多，它們需要在幾毫秒甚至更快的時間內做決定。這類平臺的例子之一，是不牽涉高昂後果或昂貴錯誤的「程序化購買」系統，用來在媒體網站上投放數位廣告。還有其他類型的全自動決策平臺是用來程序化金融交易，這種平臺有時候確實會導致代價高昂的結果和錯誤。[3]

從 AI 平臺到數位同事

平臺對公司內部產生數據以供使用的團隊和職位，以

及參與 AI ／機器學習流程各階段（開發、部署和持續支
持）的團隊和職位，有著深遠影響。它們需要大量數據、
整合現有系統，以及高標準的性能和網站可靠性。即使採
用供應商的產品和外部系統整合商，組織內部的資訊科技
或資料工程團隊，也有必要處理開發或部署這些平臺所需
的大量工作。因此，參與建立和維護這些平臺的資訊科技
和業務人員，需要與設計並執行由這些平臺提供的 AI 演
算法，其內部或外部的資料科學家合作。

　　雖然，平臺不如它們支援的 AI 應用程式那麼有吸引
力，但它們對於在業務中成功部署 AI 有同等重要性。現
在是時候，讓這些平臺以及構建和維護它們的人員，得到
應有的關注和支持。

33

智慧案件管理系統

　　「案件管理」已經存在數十年[1]，這種電腦系統將所有所需數據和表單交給個人員工或小團隊，以便在網路上用更短的時間完成整個案件或工作單元，讓案件管理人員在不用完全更換系統的情況下，就能「看到」整個公司。[2] 前幾代的案件管理系統（case management systems, CMSs）通常不會使用 AI，即使用到一點點，也僅限於以規則為主的系統。

　　最近的案件管理系統，持續使用以規則和邏輯為主的 AI，但也結合了機器學習功能作為分析資料的模式，並提供複雜的語言處理能力，有時甚至是影像處理能力。當然，用於流程自動化和編排工作流程的機器人流程自動化工具，同樣得到顯著改善。因此，現代的案件管理系統，

受益於 AI 和機器人流程自動化的最新發展，以及更加廣泛使用的資料平臺，已經變得更加強大。

我們在許多案例中發現，這些系統被廣泛應用於人們工作時與 AI 密切合作的情境。案件管理系統和上一章描述的 AI 支援平臺，有一些共同點：它們都牽涉到資料整合和工作流程管理，雖然兩者通常以不同的方式進行。在大多數情況下，平臺是終端用戶使用應用程式的基礎，而案件管理系統則是一種終端用戶應用程式環境。現在的案件管理系統更聰明，其特徵和對工作造成的影響，值得我們特別注意。

我們看到今日更聰明的案件管理系統，正在執行四個主要功能：

- **工作流程管理**：系統把工作帶到工作人員面前，支援和自動化執行任務，追蹤任務和案件的完成狀況，同時是人們主要工作界面。該系統還讓參與點到點工作流程執行及管理的所有人，都可以看到案件的狀態。例如，在阿肯色州立大學和其他使用 Gravyty 系統的非營利組織，系統會告訴募款人要發送哪些電子郵件，追蹤一切回覆，並和客戶關係管理系統互動。我們介紹的亞利桑那州立大學募款

人泰勒・布克斯鮑姆表示，Gravyty 把所有內容直接發送到他的收件匣，否則他就要在多種工具之間切換。如果他透過 Gravyty 發送一封電子郵件，他會馬上把另一封電子郵件新增到其待辦事項的排程裡，這樣一來，他永遠可以知道下一個要處理的任務是什麼。他說自己花在找資訊和處理任務的時間更少了。

- **優先排序：**AI 案件管理系統，還可以優先處理案件中最重要的案件或交易，例如根據預測的獲利能力、購買傾向、風險水準或者威脅影響來排序，實際狀況取則取決於案件工作的領域。ChowNow 的史蒂芬妮・蘇利文，在她的成長營運職位採用 RingDNA，該系統可以優先處理最重要的來電者，並將來電者轉接給最適合轉化潛在客戶的內部銷售人員，以及安排簡報。在使用預測潛在客戶評分功能的公司裡，機器學習系統會針對每個潛在客戶加以評分，按優先順序排列，以確定銷售人員應該優先聯繫哪些客戶。由於銷售人員聯絡客戶的時間有限，能先處理最佳潛在客戶的系統，對公司來說有用又有利可圖。安排優先清單是 AI 擅長的事情，而且該功能可以合併到案件管理系統中。

- **提供建議**：在前幾代的案件管理系統裡，工作人員大多需要吸收資訊、評估情況，並根據需要進行判斷和決策。它比較像資訊支援的用途，而不是由系統推薦決策或提出決策。但是，現在由 AI 驅動和資料平臺支援的案件管理系統，能夠利用現有數據和自動化決策演算法提供建議，甚至做出初步決策。在星展銀行交易監控的案例裡，如果 AI 系統將某筆交易判定為可疑後，新組件會對交易加以評分，確定是否需要人類分析師立即予以調查。在港灣人壽，核保系統會做出簡單而標準的決定，只留下需要進一步調查的決定由人類承保人判斷。以前由人類完成的一些工作，交由系統完成可以加快流程，並確保至少考慮過數據驅動的決策。

- **資料整合**：智慧案件管理系統其中一個共通特徵，是它統整了做出 AI 輔助決策所需的所有資料。在星展銀行的監控案例裡，監控單位的經理指出，由於案件管理系統結合支援平臺，得以整合大量數據，因此，星展銀行可以在每次交易審查決策裡，使用到約 80％的相關數據。相較起來，以前分析師需要手動搜尋公司許多數據庫時，只能使用到 5％至 10％的數據。資料整合讓決策變得更加正確

和精確。

皮膚科醫生的案例和太平洋軸承公司機械工作間的案例，說明了使用者可以用新方法使用案件管理系統。對皮膚科醫生來說，Miiskin 追蹤皮膚的案件管理支援系統，完全以雲端為主。醫生在辦公室使用該系統時，只要有可以上網的電腦或平板電腦，並不需要任何特殊的資訊科技基礎設施。在機械工作間的案例裡，用來支援機器操作和維護的案件管理系統可以「免持」使用，因為使用者是透過 HoloLens 頭盔查看資訊。

人類始終握有最終決策權

我們觀察到另一個重要的面向，那就是**人類可以推翻 AI** 的決策。在我們使用智慧型案件管理系統的案例裡，人類使用者可以查看、修改或推翻智慧系統的決策。讓人類和智慧機器一起工作的巨大優勢之一，是人類可以確認自動化決策是否「明智」。也就是說，它是否適合當前特定的背景和情況。例如，在我們描述過的醫療診療編碼案例中，人類編碼員審核系統對患者治療分類的決策，

然後將它輸入至醫院和保險公司的紀錄裡。如果系統評估錯誤，人類可以撤銷系統建議的分類。在我們的警務案例中，ShotSpotter Connect 工具會建議警員應該在哪裡巡邏，以及巡邏時應該做些什麼，但警員最後會根據他們的偏好，以及系統可能無法得到的資訊做決定。

在許多工作環境中，要做出「正確」的決策，通常需理解複雜的偶然性和情境因素，然而，這些因素往往無法完全展現於用來訓練系統或預測分析時，所使用的數據之中。在這種情況下，建立無需人類審核即可完全自動化決策的智慧案件管理系統，其難度會高出很多，風險也更大。總的來說，我們相信，結合人類和機器專業知識，通常會帶來更好的最終結果。也就是說，我們也承認在許多特殊狀況下，**採取完全自動化決策或許的確有利**。例如，**當我們要在很短的時間內做出精細決策（microdecisions），或者當我們遇到既有數據和已驗證的模型，可妥善說明的穩定狀況**。

即使在這些情況下，我們仍有必要設計一種方法，讓人類在智慧機器的支援下，隨時對全自動決策的方法加以審查、評估或修改，因為條件和情境可能會發生變化。

在我們的案例裡，當終端用戶使用案件管理系統時，可以稱呼他們為知識型工作者。他們多數人受過良好教

育，了解他們的工作情況，以及工作任務的具體情況。由於此類員工能夠修改案件管理系統建議的決策，因此，他們必須對系統如何做出決策，以及系統是靠哪些資料產生決策，有切實的了解。只有掌握這些知識，他們才能自在地質疑或推翻系統的決策和建議。雇主要確保這些員工都受過實用的指導，指導內容應該不只包括如何使用系統，還要提供以使用者和領域為中心的方法，來了解系統如何優先處理輸出，並針對任務和案件做出建議。

在麥迪安網路安全公司、星展銀行、賽富時、蝦皮和南加州愛迪生案例裡，我們的受訪者明確強調，**了解系統為什麼以及如何產生預測或建議，對他們來說非常重要。**

在麥迪安和星展銀行監控的案例裡，這種說明的功能內建在他們建立的案件管理系統中。賽富時描述過它們用「模型卡」，來協助評估 AI 系統的可解釋性和公平性，並指出一些產品團隊已經開始自動生成某些賽富時產品的模型卡。蝦皮的產品經理指出，他的工作有一個重要部分，是向內部和外部利害關係人解釋 AI 的演算法，AI 如何產生它們的建議或預測，好讓使用者採納模型的結果。同樣地，南加州愛迪生公司的變革管理專家也強調，對現場營運團隊解釋安全模型的目的與模型，如何預測事故風險，這一點十分重要。可解釋性有助於說服營運團隊改變

現場的工作計劃，以遵循模型的安全建議。

AI 模型的可解釋性，是 AI 案件管理系統的重要部分。更廣泛地說，它是所有 AI 應用程式的重要部分。可解釋性，不僅對直接使用案件管理系統或其他 AI 應用程式者來說，十分重要，對於那些受到 AI 系統輸出建議所影響的人而言，一樣重要。這在北卡羅來納州威明頓警察局案例，以及好醫生科技的遠距醫療案例等環境，尤為明顯。

導入 AI 的兩大人才管理迷思

使用線上案件管理系統的優點之一，是第一線員工及其主管可以隨時隨地工作，因為完成工作所需的所有資源，都存在網路的應用程式裡。事實證明，由於 COVID-19 流行導致工作場所受到限制，這一點在 2020 年至 2021 兩年間以及後來，尤其有用。

隨著案件管理系統不斷改善，以及在家工作的趨勢愈來愈普遍，於是引發一個問題：雇主是否會提高使用「論件計酬」的給薪方式，也就是根據處理案件的數量支付員工薪資。例如，在我們醫療編碼和翻譯案例裡，就採用了這種方法。這種組織和支付工作的方式有其悠久的歷史，

而且與它相關的優缺點也各不相同。[3] 雖然，數位論件計酬與其他給薪方式的優缺點非常複雜多樣，超出我們專業範圍，但根據我們深入研究工作流程和成功部署 AI 解決方案所需條件後，提出兩點建議。

首先，公司提出的薪資計劃，不應阻礙員工執行重要的團隊或流程改善任務，因為這些任務可能和工作沒有直接關係。更具體地說，公司不應該讓員工為了在短期內得到金錢獎勵，加快完成更多工作，卻不在乎 AI 系統的推薦或決策建議。如果發生這種情況，我們預期本應出現的人機增強優勢——包括機器從人類學習和人類從機器學習的能力——將會大幅減少或完全消失。

此外，使用這些系統的員工，需要適應一個事實：軟體會協調並監控他們的工作。我們發現，在受訪者之中，大家對這件事並不是很擔憂。在我們研究的案例裡，使用這些智慧案件管理系統者表示，系統提高了他們的工作效率，但有些人承認他們的工作有一些無情的地方。他們承認自己有一種「被電腦束縛」的感覺，或抱怨「工作永遠沒完沒了」。我們建議，雇主將這類工作和其他涉及人與人之間的工作、社會互動，與非電腦類型的工作結合，讓人們工作起來更有成就感，並避免員工出現網路倦怠。

34

新鮮人的就業機會
將愈來愈少？

湯姆和共同作者珍妮·哈瑞斯（Jeanne Harris）在 2005 年的文章〈自動化決策時代的到來〉（*Automated Decision Making Comes of Age*），描述在 2000 年第一個十年的初期，透過新方法使用分析而出現的一些產業成功案例。[1] 他們也指出，這種新趨勢可能會減少初階的商業和行政（知識型）員工未來的工作機會。那篇文章發表十多年後，湯姆和作者茱麗亞·柯比，在 2016 年出版了共同著作《下一個工作在這裡！智慧科技時代，人機互助的五大決勝力》。[2] 他們總結了近期在分析、決策支援和流程自動化上，成功應用 AI 方法的產業成功案例，並探討這些能力對愈來愈多知識型工作任務造成的影響。他們提供了一些策略，幫助知識型工作者在這波新的產業實踐裡確

保自身價值，或至少保住工作。他們還指出，若這種新趨勢繼續下去，可能會出現「安靜解僱」（silent firings）的現象，並減少包括大學畢業生在內的初階員工機會。

在本書裡，我們舉了近期產業職場部署 AI ／機器學習系統的例子，這樣做對初階員工的機會有什麼影響？我們近期的研究案例，在多大程度上證實或反駁湯姆和其他共同作者，在 2005 年和 2016 年提出的擔憂？當時的預測是否出現變化？

我們觀察到，使用 AI 系統相關的就業機會將出現以下五種狀況：

- **負面的情況**：初階工作機會減少。
- **正面的情況**：新鮮人戰力提升。
- **雙重效應情況**（負面和正面）：系統可以在不增加人員的情況下提高產出，而生產力提高又可以繼續擴展業務。一樣的 AI 系統也能夠支援新員工，包括初階員工。
- **正面的情況**：AI 系統擴大了現有員工的職務範圍。
- **正面的情況**：系統為能力較差的人，提供更多就業機會。

負面：初階工作機會減少

我們在港灣人壽／萬通保險案例中，從第一線系統使用者身上看到，該產業需要的是有經驗的保險核保人員，而不是初階的核保人員，這是因為比較簡單的核保工作以前是由初階人員完成，但現在這些工作都已經自動化。

同樣地，在醫療紀錄編碼的案例裡，可看到第一線員工指出，醫院和編碼服務公司需要有經驗的編碼員，而不是初階員工，因為比較直接簡單的編碼分類決策，現在已經交由 AI 處理，而更複雜的編碼決策和審核，則需要具備該工作經驗的人完成。

在這兩個不同產業和工作環境的專業知識下，這些有經驗的知識工作者，必須審查系統輸出的結果，並處理不容易、新穎或複雜的案例，這就是為什麼在這些產業裡的公司，對有經驗的員工比較感興趣。但這些員工都沒有意識到一個問題：如果公司現在不雇用初階員工，將來如何培養出專家。

我們使用 AI 實體自動化系統的例子，包括史丹佛醫療中心藥局的營運、FarmWise 機器人除草、快餐店煎漢堡肉機器人等，每個案例都顯示出原本必須靠人力處理的初階工作都將自動化，因此工作機會將減少。希捷科技的

例子涉及大量製造裡的重複視覺檢測任務，這些任務也被自動化，因此同樣有類似的影響。

正面：新鮮人戰力提升

在太平洋軸承公司工作間加工的案例中，AI 擴增實境技術是用來訓練新員工的。一般來說，智慧機器會減少組織對初階員工的需求，但這個例子顯然是個例外。組織愈來愈常在工作現場和工廠的環境裡，使用擴增實境技術來支援員工的表現，以降低人們完成工作所需的專業度。

這些工作通常用來支援前線維護或維修的角色，或協助機器和實體系統的操作。這種擴增實境可以讓沒有工作經驗的員工（包括初階工人以及專業水準較低的工人），執行需要熟練度和了解機器複雜度的任務。

使用 AI 支援的擴增實境技術，不僅可以讓公司訓練初階員工，教導他們如何操作機器，還有助於吸引這些新員工加入。

正如案例所述，「和改善品質一樣重要的是，Taqtile 在很大程度上幫助太平洋軸承公司解決了人才問題。該公司在當地勞動市場面臨激烈的競爭，而且由於它擁有

Manifest，因此在人力上具備競爭優勢。新操作員和機械師發現，使用擴增實境進行工作很有趣，而且他們留在工作的時間更長。」

在其他會用到實體設備的環境裡，也適用這種擴增實境的應用程式，例如研發實驗室、原型實驗室（prototype labs）、資料中心，以及其他有實體資訊科技和網絡設備場所裡的技術工作。

還有一些需要和實體物品或系統互動的知識型工作環境，例如醫療工作、公共安全工作或基礎設施支援工作也是如此。在這些地方，擴增實境可以為初階和經驗豐富的員工提供訓練和支援執行任務。然而，我們不認為在純粹以資訊為主的知識型工作環境裡，擴增實境的技術會普遍流行起來。

在這些工作環境中，員工沒有與實體物品互動的需求，因此，我們不認為它會為初階員工帶來處理數據、做出決策和從事其他知識型工作的機會。在大多數情況下，把必要的任務寫成機器人流程自動化系統、AI 應用程式的環境或智慧案例管理系統中，都比用擴增實境更能協助人們執行任務。當軟體可以驅動整個流程，並且沒有需要操作的有形硬體或實體系統時，初階員工通常就變得比較不重要。

雙重效應：系統可以在不增加人員的情況下提高產出，擴展業務

在我們每一個案例裡，使用 AI 系統都提高了運用該系統的工作環境的生產力。有了這些系統，就可以在不增加員工人數的情況下，擴大工作流程的產出。這項觀察結果支持了湯姆和茱麗亞·柯比在 2016 年出版的書中，提出「安靜解僱」及這種現象影響初階員工的擔憂。

然而，為了正確看待這一點，我們訪談時並未發現有任何跡象顯示，這些公司正在減少整體員工的人數。事實上，我們在研究和撰寫本書期間，許多公司由於商機增加，而逐漸增加員工的總人數，其中一些是因為成功使用 AI 系統而讓能力變強，這段時期包括 2020 年因 COVID-19 導致全球經濟放緩的期間。

在我們的訪談中，AI 使用者多次指出，這些系統自動處理了大量和資訊整合、評估和優先排序相關的繁瑣工作，這些工作以前占用他們非常多的時間。這些 AI 系統還執行了許多常規交易、進行重複決策，以及追蹤和報告，這些都是耗時的任務。在我們一些案例中，使用者會得到機器的指導，了解系統為什麼會做出那些建議或決策。當機器提供這類指引時，人類使用者可以更有效地評

估機器的輸出，也會提高員工的生產能力。

　　我們研究案例裡，有幾個例子顯示，部署了 AI 系統後，組織達成自動化或讓繁瑣的日常工作消失殆盡，進而減少了以前招募初階員工的機會。這些例子包括摩根士丹利的下一個最佳行動系統（不再需要行政支援處理電子郵件）、雷帝斯金融集團的房貸處理系統（不再需要處理文件，也不再需要把實體案件移交給其他人）、奧斯勒工作－交易的法律交易系統（大大減少了需要人類閱讀文件，以辨識相關資訊的需求），以及星展銀行的「客戶科學」計劃（降低客戶打電話給客服中心的次數，因此招募新客服人員的需求降低）。在這些情況下，取消或大幅減少之前某些類型的初階工作。與此同時，奧斯勒和星展銀行一直在重新訓練和部署員工，並同時招募人才以增加公司總人數。

　　有一個訊息我們難以忽視：**如果公司雇用這些員工，同樣的 AI 系統，也具備巨大潛力，能夠大幅提升經驗不足的初階知識型工作者的績效**。當然，在開發系統時的預先部署和隨後部署階段裡，只有具經驗的員工才有必要的背景知識，足以評估機器的輸出品質，並明確地核准或撤銷這些輸出，提供回饋給系統及系統設計者。然而隨著時間過去，系統實際上能夠訓練經驗不多的新人，因為在使

用智慧機器的早期階段裡，人們曾經用過去的例子和經驗豐富的人類回饋數據集訓練它，所以現在機器對這些案例已經十分熟悉。然而，只有當 AI 系統的工作原理及其演算法，透明地呈現在人類使用者面前時，才有可能做到這一點，這就是可解釋性之所以重要的原因。

在 ChowNow 案例裡，銷售開發代表使用 RingDNA 系統，增加 ChowNow 客戶群的規模，這是同時實現雙重效應的一個好例子。它提高了每個員工的生產力，降低額外招募人員（包括招募初階人員）的需求，並讓初階員工在受聘時更容易跟上進度。該公司的 AI 系統，讓既有的成長經理更能夠監督和指導員工。該系統可以同時指導既有員工如何更有效地和潛在客戶溝通，也可以用來縮短訓練和指導新員工達到高績效所需的時間。該系統讓管理人員能夠訓練和監督更大的團隊，這些團隊也因為使用此系統而得到更好的成果，於是讓公司又能增加新員工。

這種雙重效應的另一個例子，是使用 Lilt Labs 的 AI 翻譯支援系統。在我們 Lilt 的案例裡，主要使用者是艾莉卡・斯托姆，她是專業的譯者，過去多年使用過電腦輔助翻譯軟體和 Lilt Labs 的最新工具。同一個 Lilt 平臺，顯然會讓具備多語能力但沒有專業翻譯經驗的人，藉由和 Lilt 平臺合作，而更容易成為多語譯者。事實上，Lilt 積極招

募初階員工和實習生，因為該公司知道，它們的平臺讓公司裡的譯者能夠更快掌握專業的翻譯知識。[3]

因此我們看到，同樣的技術透過結合增強與自動化，可以提高人類使用者的生產力，既可以透過提高生產力而減少初階員工的就業機會，也可以透過做中學、指導和強化績效支援，擴大初階員工的工作機會。此外，我們發現在一些公司裡，有效利用這些支援系統，有助於提高業務績效和競爭力，進而帶來對各層級員工的額外需求，包括初階員工在內。

正面：AI 系統擴大了現有員工的職務角色

我們遇到幾個經驗豐富的員工，他們使用 AI 系統擴大自己的工作範圍。系統幫助他們進入嶄新或擴大專業工作領域，這也可能讓初階員工更快地擴展他們的技能。

克羅格資料科學子公司 84.51° 就是一個例子。使用自動化機器學習，讓該公司能夠聘請擁有業務領域知識，但欠缺機器學習技術訓練的經驗豐富人員，擔任「洞察專家」的角色。他們接受了資料科學團隊的訓練，了解如何使用自動化機器學習工具，進行標準分析工作。他們成為

「公民資料科學家」，懂得利用自己的商業頭腦、溝通和表達成果的能力。自動化機器學習工具，也讓超市連鎖母公司克羅格的眾多業務專家，能夠成為公民資料科學家，藉此擴展他們目前的業務或管理職務。

另一個例子是電通旗下的美國媒體，買下代理商凱絡媒體。兩名員工潔西卡・貝爾雷斯和艾莉卡・山德，把所有時間花在手動或大量處理試算表的工作，因為他們正在做的廣告搜尋、廣告規劃和客戶團隊支援，需要這些工作。他們都接受訓練成為「公民機器人流程自動化開發人員」，以支援與其工作相關的流程改善工作。正如我們在案例裡所說，兩人都認為和他們合作的團隊「花了數小時做無腦的任務」，而且「這些非常聰明的人，浪費很多時間做辦公室自動化機器人可以做的事」。現在兩人都表示，他們有一半以上的時間，都花在自動化專案上。他們都沒有太多機器人技術，或 Excel 巨集以外的程式設計經驗。

第三個例子，來自本章前面提到的機械工廠——太平洋軸承公司。除了使用擴增實境系統，讓初階機器操作員能夠完成工作外，該公司還用另一種方式使用擴增實境。為了支援在工作間的山姆・阿魯科，公司新聘請了一位工程師，這位工程師用擴增實境應用程式，增加他能夠支援

的機器種類。正如案例文章中所說，機械工廠鼓勵其操作員和工程師查看清單範本，並了解整個工作間的運作情況，幫助他們增加可以使用的機器類型。

在這三個例子中，**擴大員工的工作範圍和專業範圍，有助於進一步推行公司的自動化工作**，於是這又回到上面討論的雙重效應情況。即使是在同一家公司，能夠為某些人提供更多機會的系統，卻可能導致其他人的機會減少。

在策安的案例裡，我們訪問了新加坡樟宜機場星耀樟宜購物中心的安全和客戶關係地勤員工，展現出 AI 如何擴展職務和專業技能。在星耀樟宜智慧營運中心裡，阿爾戈斯行動應用程式與莫札特應用程式整合，專門設計用來支援跨職能的職務。一名保全人員、一名客服員和一名設施維護專員，每個人都可以幫助另外兩種地勤人員。根據設計，每個職位的工作者都有擴展的工作範圍，這是由行動應用程式及其連接的 AI 支援系統所促成和實現的。

與先前支援大型複雜設施的要求相比，透過使用這種跨職能的方法，並結合所有支援技術，策安能夠大幅減少地勤人員的勞動力需求。然而，新的「安全⁺」方法，則是提供更有效率又有效的服務方式，讓策安贏得大量新業務。[4] 這反過來又讓公司增加了總雇用人數，包括地勤人員的雇用人數。

正面：系統為能力較差的人，
提供更多就業機會

　　有兩個案例，我們遇到人們運用 AI 系統，提供欠缺某些能力的特殊族群就業機會，或擴大就業機會的情況。例子之一是電通公司的「公民開發機器人流程自動化」案例的後續：電通和 AutonomyWorks 建立合作關係，AutonomyWorks 是一家專門為自閉症患者創造就業機會的公司。[5] 許多自閉症患者擅長完成需要高重複性、辨認模式和注重細節的任務。電通、AutonomyWorks，以及電通機器人流程自動化供應商 UiPath，設計了把機器人流程自動化工具結合自閉症員工能力的方法。

　　策安的保全和客服支援人員的案例，也是 AI 提高特定員工群就業機會的另一個例子。對於擔任保全或賓客服務主管的第一線年長員工來說，新技術在某些方面既難用卻又容易使用。一些年長員工發現，使用新的支援技術很有挑戰性，而且他們比年輕員工需要更長的時間學習。但另一方面，新的支援技術簡化或消除了許多繁瑣的管理和報告流程，他們不必在事件報告裡輸入很長的句子，或用筆書寫。雖然，年長的員工必須學習如何使用新的阿爾戈斯行動應用程式工具，並以新的方式工作，但這也讓他

們更容易完成工作。這讓年長員工更有機會成為策安的員工，或在更長的時間裡保持活躍並帶來貢獻。該技術提高了年長員工的工作機會和就業年限，讓他們有動力學習使用新的數位工具。

大幅降低失誤成本

除了能和智慧機器合作的專家人數減少，大量減少雇用初階員工的另一個問題是，削弱經濟並減少人類的工作機會。和其他自動化方法相比，這種狀況似乎沒有那麼痛苦，因為員工不會從現有工作中解僱。但隨著時間過去，這種情況會讓人類變得很難或無法進入勞動市場。

這種情況不是第一次發生了，但這次似乎變得更嚴重。沒有經驗的人要找到初階工作一直很有挑戰性，許多人會在這種情況下，在網路上對父母或任何願意聽他們說話的人抱怨，說愈來愈多工作要求工作經驗，就算一份工作全是初階職位的特徵（包括低薪）也是如此。對於看起來很適合就業市場的應徵者來說，如果他們找不到合適的職位，可能會讓人極度沮喪。

初階員工面臨的問題不僅對經濟和社會不利，同樣對

教育產業不利。如果高中和大學無法培養出適合工作的畢業生，就會降低潛在學生入學的興趣。這種情況在美國等國家尤其容易產生問題，因為這些國家的大學學費非常昂貴，導致許多畢業生要背負龐大債務。只有擁有高薪的工作，畢業生才能償還學生貸款。

產學更能無縫接軌

　　高等教育機構已經建立起解決這個問題的基本機制，但各教育機構要進一步加強擴展這些機制，確保學生積極參與工作的機會。學生有很多途徑可以得到產業的工作經驗，從完整的建教合作課程，到各種工讀計劃，再到實習機會。在北美，波士頓的東北大學（Northeastern University）、費城的卓克索大學（Drexel University），以及加拿大安大略省的滑鐵盧大學（University of Waterloo），長期以來提供碩士學位的課程，這些課程完全整合產業的建教合作工作。其他國家也有類似設計，例如英國大學（UK universities，編按：一家大學倡導團體）的「安置就業」計劃。在為畢業生安排工作上，這些學校一直表現出色，即使在智慧機器時代，他們也可能持續有很好的表現。許

多私營、公共和非營利部門的組織發現，這種安排能讓建教合作的學生完成「真實工作」，並讓學生得到深入的工作經驗。我們鼓勵更多的高等教育機構，提供完全整合的建教合作計劃。

大多數提供大學課程的高等教育機構，都會支援實習工作。組織通常會認為，短期實習（八星期或更短）很麻煩，因為學生實習的時間不夠長，無法完成什麼重要的工作。許多組織認為，三個月的實習不夠。我們鼓勵教育機構，想辦法提供更長的實習時間（六個月或更長）。可以透過一次連續的實習來完成，也可以透過假期的全職實習，與學期期間的長期兼職實習一起完成。

在美國，目前很大部分的大學生並非「典型」大學生，因為他們高中畢業後沒有直接上大學，他們可能有眷屬，或者因為需要工作而無法全職讀書。[6] 出於必要，兩年制的社區大學，帶頭尋找創新的解決方案，來滿足這些非典型大學生的需求。社區大學必須幫助這些學生得到工作證書和工作經驗，以便在智慧機器時代得到支薪的工作。[7]

談到非典型學生的四年制大學課程，我們必須找到方法滿足他們的需求，並為他們具備和就業能力相關的資歷和工作經驗。然而挑戰在於，要提供他們不屬於初階工作的工讀經驗和實習機會，也就是不會在可預見的未來消失

的工作。高等教育機構需要積極增加校園內的機會，讓學生學習如何與智慧機器合作。它們可以透過常規課程或增加充實計劃、研討會，以及與產業的領先組織（例如亞馬遜、Google、微軟和其他領先的 AI 解決方案供應商）共同認證的工作來實現。應屆畢業生可能不會比經驗豐富的員工，更了解特定業務的任務或流程，但他們可以更了解 AI 和自動化技術。十年前，想讓人們接觸到領先產業的 AI 解決方案，不僅複雜又昂貴。但如今，有了雲端解決方案和隨時可用的高速網路，這一點很容易做到。

雇主需要加強並擴大與高等教育機構的合作，提供合作教育、實習和工讀計劃。此外，雇主還需要在學生的專案課程裡，放進真實場景、經過處理或示範用的綜合數據，以及「現實世界」的回饋。當然，雇主要避免把初階員工安排到不久將來即將被淘汰的工作。

我們向政府政策制定者傳達的訊息是，把投資用在〈麻省理工學院未來工作報告〉（*MIT Work of the Future Report*）[8] 最後建議的技能和訓練，包括調整稅法或提供配套資金，以促進私部門投資訓練、增加訓練的資金，以及協助提高社區大學學位完成率的政策。這些建議，將有助於初次找工作的初階員工和已經在職場裡的員工，獲得相關技能。

知識型初階工作者的危機

　　初階工作者因 AI 而面臨的困境很複雜。雖然我們的案例樣本很少，但我們仍然在不同程度上，看到本章討論的正面和負面情況正同時發生。隨著人們持續部署目前和未來幾代的 AI 智慧機器，所有這些負面和正面的情況將繼續同時發生。

　　目前我們還不清楚的是，使用 AI 智慧機器減少的工作機會和範圍，有多少可以被增加的工作機會和範圍緩解。我們把這類分析留給專業經濟學家和政策分析師，他們會嚴謹地使用現有的產業和國家數據，研究自動化（包括 AI）對生產力、就業和勞動市場的影響。

　　知識型工作者的初階就業機會愈來愈少，仍然是一個重要且迫在眉睫的威脅，但與此同時，這依然是個尚無結論且不斷演變的狀況，有多個相互平衡的因素和影響經濟的力量在較勁。這是公司高層和政策制定者，需要密切監控和解決的重要問題。

35

遠距獨立工作

　　和 AI 相關的工作，往往似乎和獨立性很高的遠距工作有關。在我們研究的公司裡，遇到了四種不同類型的遠距工作。

　　第一種遠距工作，知識型工作者無論如何都會定期在家工作。早在 COVID-19 疫情對傳統職場造成影響之前，他們就已經定期在家工作，所以他們遠距工作和疫情無關。在我們的案例研究裡，此類遠距工作者的例子包括港灣人壽／萬通保險數位人壽保險承保人、醫療診斷和治療編碼員、Lilt 語言翻譯員、ChowNow 銷售開發代表，以及 Stitch Fix 的造型師。

　　後來由於 COVID-19 大流行，在某些情況下，辦公室工作人員開始在家工作。隨著疫情趨緩，這些公司後來

過渡到某種程度的混合工作模式，結合在家和在辦公室工作。以混合方式工作的員工，包括摩根士丹利財富管理專業人士、雷帝斯金融集團抵押貸款處理人員、84.51° 資料科學人員和洞察專家、奧斯勒工作的法律人員、阿肯色州立大學籌款人、蝦皮產品經理、星展銀行工作人員，以及好醫生科技醫療顧問。

第三種遠距工作，是在「遠處」的工作現場環境，意思是人不在公司、家裡或工廠。現場工作人員的例子，包括北卡羅來納州威明頓的警察巡邏隊、人在星耀樟宜購物中心的策安第一線地勤人員，以及 FarmWise 數位除草機操作員。

最後，在某些環境裡，AI 支援系統讓系統使用者能夠實體監控、評估和管理遠端環境發生的狀況。這類遠距工作有多種變體，涉及上述其他三種遠距工作。

使用 AI 管理遠端情況的工作人員，包括使用 Miiskin 的皮膚科醫生、使用平臺遠距醫療諮詢服務的好醫生科技的醫生、在北卡羅來納州威明頓使用 Shotspotter 辨識槍聲的警察、麥迪安網路安全公司遙測監控全球網路威脅、FarmWise 中央指揮工作人員遠端監控現場機器、策安智慧營運人員遠端監控整個星耀樟宜的設施和地勤人員，以及新加坡陸路交通管理局的鐵路工作人員，使用 FASTER

系統監控整個鐵路網。

我們的研究案例、我們和公司人員的其他互動，以及最近的研究報告都顯示，這種遠距且獨立的智慧機器輔助工作的情況，已經變得愈來愈普遍。甚至，在 COVID-19 流行前，已經遠距工作者估計占美國勞動力的 5％至 15％。[1]

此外，疫情爆發且工作常規發生變化後，愈來愈多人在家工作的時間占他們總工時的比例增加。企業對於員工必須親自到辦公室的看法已經改變，也有愈來愈多公司開始或繼續部署智慧機器支援系統。疫情後，遠距工作的程度預計將穩定低於疫情期間的高峰水準，但仍大幅高於疫情前的水準。[2]

在智慧機器的協助下，現場環境的遠距工作可以繼續獨立完成。由於技術支援的能力增強，第四類監控遠端環境的人員，將能夠更常在家工作。當工作遠距又獨立時，工作和執行工作所需的智慧就會交給人類，在這種情況下，通常無需追蹤其他員工完成工作。如果有不清楚的地方，可以隨時用電話、視訊會議平臺（例如 Zoom、Teams）、非結構化協作工具（例如 Slack）等工具，與其他工作人員快速諮詢。

簡言之，我們的看法是，人們愈來愈常用 AI 協助遠

距又獨立的工作。有時候這是刻意的做法，有時候則是意外的副作用。當然，人們也愈來愈常把同樣的智慧機器支援系統和智慧案件管理系統，用於支援團隊的協作工作和團隊的案件管理。

雖然我們知道這一點，但在本章中的評論，仍著重在由人類工作者遠距執行的知識工作上，這些人類工作者花很多時間獨立工作，並和智慧機器當「同事」。

獨立遠距工作的利弊

獨立遠距工作有正面的一面，也有負面的一面。從正面來看，這表示在疫情流行或其他重大破壞（例如自然災害）期間，這種工作方式有很大的靈活性，人員不需要進辦公室。隨著 COVID-19 流行之後，許多公司放寬了對員工辦公地點要求，很多員工已經打算在他們想要的地方工作。在我們採訪過和智慧機器合作的人當中，沒有一個人表示他們執行工作任務的能力，嚴重受到 COVID-19 期間的控制措施所影響。

大多數公司被迫改善對遠距工作的支援，包括技術面的連結，以及 AI 應用程式和底層平臺的功能。在我們的

受訪者當中，即使有些人必須親自到現場或在現場工作，例如在醫療環境和其他重要的前線服務，他們仍然能夠完成工作，而且通常是在更好且更適合行動的智慧系統協助的環境裡完成。

但是遠距、獨立的工作也充滿挑戰。無論是新員工到職、和同事社交，以及私底下和人類同事學習，都變得更加困難。就像麥肯錫全球研究院（McKinsey Global Institute）在 2020 年報告裡總結的，許多工作面對面完成的效果更好，包括教練指導、諮詢、提供建議和回饋、建立客戶和同事關係、引進新員工、談判和做關鍵決策、教學和訓練；以及從合作中受益的工作，例如創新、解決問題和創造力工作。[3]

遠距工作後，大家不會有機會在走廊或咖啡機旁碰上面，也不會在開會前後自由討論。有大量管理研究證據（雖然其中大部分的證據，是在現有技術出現之前取得）顯示，此類非計劃性和自發性對話有助於創新。[4] 即使是不直接負責公司或工作小組創新計劃的知識工作者，仍需努力改善他們的工作。沒有任何公司會妨礙遠距、獨立的知識型工作者，找到新穎且更好的方法來完成自己的工作，或改善他們工作流程的機會。雇主需要找到新方法，透過面對面和線上互動的結合，增加遠距員工之間的非正

式互動機會。

這一點對於知識型服務業的工作尤其重要,因為在這些產業中,更高比例的員工可以遠距工作,而且雇主允許他們在一星期中有部分時間或完全遠距工作。

如何減少遠距工作的疏遠感

如果和智慧機器合作的人類同事是遠距工作,而且工作中沒有定期的正式和非正式互動,那麼把這些互動有系統地融入到工作過程裡就很重要。公司不應該只依賴 Zoom 或 Teams 視訊中,常見的「一開始幾分鐘」的休閒社交互動。他們應該定期和同事談談他們的工作和系統,以及如何改進它們。

例如在港灣人壽,所有遠距工作的「數位承保人員」,每星期會和承保平臺的產品管理團隊舉行一次線上會議。他們會討論如何改善平臺,並且每隔幾星期就會推出該平臺的新版本。在 ChowNow,主管會有系統地和新員工與現有員工會面,指導如何使用 RingDNA 支援系統中突出的數據和建議,來提高銷售業績,這樣做也讓員工有機會回饋主管意見。

當然，如果所有智慧機器都在相同的地理區域，他們可以每星期在指定的日子，去辦公室一或兩次，或者在專案進行到特殊階段時，更常去辦公室，和人類同事碰面並討論他們的工作。疫情後的世界，許多組織已經開始重新配置和「調整」現有的辦公空間，以適應這些不斷變化的需求，並安排衛星辦公地點來支援這類型的互動。[5]

　　如果工作中使用的智慧系統來自供應商，則供應商與軟體用戶之間，很重要的是要定期交流。例如，在阿肯色州立大學募款案例裡，供應商 Gravyty 成立了 AI 進步諮詢委員會，把 Gravyty 的使用者聚集在一起，討論他們如何使用該工具並提出改進建議。該委員會每年都會任命新的成員，並舉辦年度使用者大會。這些大會以前是面對面的會議，現在則是線上會議或混合會議。軟體供應商 DataRobot（84.51°的自動化機器學習供應商）、賽富時（AI 倫理實踐的研究案例）和 UiPath（電通的機器人流程自動化供應商），也擁有非常發達且活躍的使用者社群、使用者回饋管道和特別活動。

　　摩根士丹利、星展銀行等大公司，同樣持續在開發自己的 AI 應用和支援平臺，供公司內部使用，正在系統化發展自己的用戶社群，建立回饋管道，並舉辦專門的活動和使用者分享。這些都是為了發展遠距、獨立工作的知識

工作者，以及公司內所有使用這些智慧機器系統者的機
會，以便找出新穎且更好的方法，來完成自己的工作並改
進各自的工作流程。

讓獨立和遠距工作更有效率

在遠距工作愈來愈普遍的時代，和大量智慧機器共事
的組織要重新評估之前的看法，思考如何在這些新環境
下，幫助人類員工提高生產力。當然，這裡有一些基本做
法：確保遠端工作人員家中有良好的寬頻通訊、攝影機、
麥克風和適當的照明，以及家裡的辦公空間有適當的椅子
和辦公桌，並且確保隱私和安靜。由於愈來愈多在家工作
者已成新常態，公司應該為員工補貼很大一部分在家工作
的費用。

一般來說，遠距工作者會花更多時間工作，而不是更
少時間工作。一項研究證實，2020 年 COVID-19 爆發，
一開始進入封鎖後，員工每週平均工時都高於封鎖前八週
的任何一週，而且員工也都延長了工作時間。[6] 還有一個
明顯問題是，在家工作的員工不會花時間通勤。引導遠距
員工工作，可以協助緩解他們的倦怠，並促進與其他同事

的同步互動。同時組織必須了解，遠距工作對員工來說有一個優勢，那就是能夠靈活地協調工作、家庭活動、個人需求和娛樂。就像我們在第 33 篇中所說，按件計酬的遠距工作人員可以隨時工作。

鼓勵和提高促進生產力是一回事，監控和提高一切牽涉生產力的事情，則是另一回事。這是微妙而複雜的問題。由於人類是在筆記型電腦、桌上型電腦或行動設備這類計算環境（computing environment）裡，使用 AI 軟體應用程式時，才會和智慧機器合作，因此一切都可以被監控，包括在 AI 系統裡發生的所有事情，以及設備上發生的其他事情。

績效考核更減少人性干擾

除了監控工作活動外，公司還可以追蹤工作與休息時間、用餐時間持續多久、網路瀏覽、注意力集中和分心模式，以及計算環境裡發生的其他任何情況。例如，星展銀行監控了員工在工作日造訪外部網站的數量，發現這個數據能夠預測公司網站未來訪客大量流失的狀況。

同時，不管是哪一類員工，如果能夠得到和績效有關

的真實回饋，以及有證據佐證的改善建議，對人類的學習來說都十分重要。這種學習可以確認人類如何適應不斷變化的環境、如何提高生產力和品質，以及如何創新。監控和 AI ／機器學習分析功能，有可能產生讓員工用來自我評估和自我改進的資訊，這是公司為了評估員工和流程績效，在定期績效追蹤回饋外新增的做法。[7]

這種監視絕對不是什麼新議題。多年來，該公司一直在監控員工在工作場合裡使用電腦的狀況，並監控遠端工作使用的應用程式。然而，遠距工作的範圍和規模同時增加、工作流程的數位化和虛擬化程度，再加上機器學習系統的部署，讓監控達到了前所未有的水準。

企業應如何為監控員工設定界線，並建立起符合倫理的實踐架構？他們應該如何平衡個人化回饋為員工學習帶來的價值，與嚴密監控員工可能帶來更多問題的現實呢？如果公司不努力制訂適當的政策，員工自然會覺得監控愈多，受到侵犯的感覺就愈強。

此外，正如名言「一經度量，便可管理」（what gets measured gets managed and improved.）所示，當員工知道組織要衡量什麼時，他們可能只處理會被直接監控和衡量的任務。至於那些無法馬上看到成效，卻可以為新的見解、觀點和想法播下必要種子的非正式和自發性互動，會如何

呢？和同事建立關係、承諾與信任的非正式社交互動，又會發生什麼？

公司需要嚴肅看待其監控遠距工作的政策，因為遠距工作和非遠距工作之間的界線，將隨著混合的工作形式而變得模糊。公司應該明確地對員工說明，公司正在進行哪一種監控，以及如何使用這種方式取得資訊。盡可能減少監控，讓監控的程度剛好足以確保工作以合理的速度完成即可，這樣做可以減輕員工的焦慮和恐懼。

然而，若想以積極的方式監控資訊，可以提供更多個人化並以證據為依據的輔導、指導和建議，以幫助員工進一步發展專業能力。

幾十年來，湯姆一直在觀察和研究企業如何管理其知識和知識型員工。[8] 他了解到，知識型工作者通常更喜歡在工作裡擁有一定程度的自主權，不喜歡被密切監控，無論監控他們的是人類老闆還是電腦系統。這群知識型工作者，通常有很強的能力可以找到更好的方法來完成工作，並解決滿足內部和外部客戶需求的問題。雇主不應該讓他們的知識型員工覺得自己像個機器人，應該讓他們有投入感，並讓其發揮創造力。這樣做可以讓員工覺得滿意，他們會願意留在公司，並在多年內盡最大的努力工作，同時不斷累積更多相關的公司知識和工作專業知識。

即使沒有 AI 或智慧機器，還是會有很多遠距工作，因為許多公司發現它在疫情流行期間，不僅可行也很有成效。工作時要和智慧機器合作，只會加速這個趨勢罷了。因此，公司必須重新設計許多工作流程和實踐，將遠距獨立作業的員工和同事連結起來。

和 COVID-19 流行之前的工作模式相比，遠距工作將在疫情結束或穩定後的很長一段時間內，持續存在並增加。[9]「工作中」的人們需要互動、相互交談和一起社交，這是人類學習的基本途徑，同時是我們提出新點子以提高生產力和創新能力的關鍵。[10]

36

機器（還）不能做什麼

大概三十年前，鮑伯・湯瑪斯（Bob Thomas）出版了一本叫做《機器不能做什麼》（*What Machines Can't Do*）的書籍。[1] 他在書中主要描述製造技術，認為機器還沒有準備好可以從人類手中接管工廠。

儘管從那時候以來，AI 已經大大增加機器能做的事，但還是有很多事情是 AI 還不能做，或起碼無法做得比人類更好的。[2]

在本章中，我們總結了仍然需要人類工作者的領域，並且提到人類能力的重要性和價值，以及 AI 系統仍有缺點的案例。

了解脈絡

AI 尚不了解業務，以及執行任務背後的脈絡。我們在多個案例裡都看到這個問題，尤其它在醫療編碼、數位核保和 Stitch Fix 的案例裡特別明顯，而且指出這一點的，正是第一線使用 AI 系統者。如今，無論是訓練資料還是運用數學演算法或規則，都沒有好方法可以為 AI 提供廣泛的脈絡，而且 AI 的這種缺陷，短期內似乎不太可能有所改變。

執行含主觀因素的任務

我們在星展銀行交易監控的案例裡，採訪過一位經理，他表示這個過程總是需要人類參與，因為「評估總會有主觀因素，要能夠判斷哪些可疑、哪些不可疑。」他沒有透露這些主觀因素是什麼，但我們認為因素包括客戶之前和銀行的接觸史、職業以及其他難以量化或政治敏感的因素。也許到了某個時候，AI 將可以透過 AI 臉部圖像分析，判斷一個人是否誠實和可信。事實上，中國有一些金融機構已經在使用這種方法，儘管部分專家懷疑這種評估

的準確性。[3] 同時，人類可以靠主觀判斷來強化 AI 客觀的評估能力。

在複雜、動態的環境裡，確定警報優先性

當電腦化系統、感應器以及 AI 聲音和影像分析系統，遇到安全、健康或機械問題時，它們會頻繁地發出警報。新加坡樟宜機場的星耀樟宜商場，以安全警報為其訴求重點，說明了人類的角色有其必要。AI 通常無法區分真實或重要的警報，與虛假或不太重要的警報，而操作監控人員和保全人員則可以做到這一點。他們會優先考慮最有問題的警報，讓工作人員前往調查。星展銀行的交易監控也有一樣的流程：AI 系統會出現許多誤報的可疑交易，即使其他 AI 系統會優先處理這些交易，相關人員也必須調查這些警報。

做出帶來影響的最終決策

AI 擅長做出初步決定，但當該決定會產生重大影響

時，通常需要由人類權衡並做出最終判斷。我們在許多不同案例裡都觀察到這種情況，包括星展銀行的交易監控、醫療編碼、雷帝斯金融集團、電腦輔助翻譯和 Stitch Fix。也許，隨著 AI 日益成熟，它將能夠做出最終決策而無需人工審查。事實上，在信貸發行和財產保險承保上，已經出現鮮少需要人工審核的情況。

做出最終診斷

我們已經討論過，AI 系統在會帶來重要後果的決策上仍嫌不足，但當決策涉及生死攸關的問題時，這種缺陷就上升到另一個層次。在好醫生科技和皮膚科醫生 Miiskin 的案例裡，AI 都能協助診斷，提供皮膚科醫生相關影像，或（向好醫生科技的使用者）提供分流和治療建議。然而，雖然有一天 AI 也許能夠做出全面而準確的診斷，但直至今日它的能力依然有限。監管機構和明智的組織，都會堅持把最後的診斷和治療決策，留給臨床醫生操刀。同樣地，在史丹佛醫療中心的藥局案例裡，電腦系統和機器人技術可以包好藥物，送到患者床邊，但在送出之前需要人類藥劑師檢查藥物是否正確。

為他人帶來合乎情理的說明

在奧斯勒工作－交易的法律服務研究案例裡，我們很意外聽到這樣的評論：我們需要人類律師對客戶說明，AI系統在合約和其他文件裡發現的內容。「我們必須說明內容，因為機器做不到這一點。」雖然，AI在產生內容上有長足進步，但其優勢在於產出具體且以事實為主的內容。至少到目前為止，將一整套有意義且與脈絡相關的內容串聯起來，仍然是人類的專長。

提出問題、訓練或指導

對我們來說，AI如今可以自動產生機器學習模型簡直是個奇蹟，84.51°和克羅格就是這樣的案例。對於聰明的資料科學家來說，AI取代他們一部分的任務，顯然諷刺意味濃厚。然而，從這個案例可以明顯看出，AI並不能解決所有問題。它無法先表達要解決的問題，找到資料解決問題，或理解模型輸出的意義。

在84.51°工作的資料科學家，還要花很多時間訓練、輔導和審查一些資淺的業餘人員，利用自動化機器學習功

能所做的工作。因此，大多數資料科學家的工作，應該還
可以安全一陣子。

協調多方利益相關者的合作、談判和決策

我們關於蝦皮產品管理的研究案例，也很適合說明人
類需要解決跨組織的複雜性和多方面問題。產品管理往往
涉及複雜的多方協調，這是企業裡結構化程度最低的工作
之一，其中的問題會以動態出現，而且需要大量溝通、談
判和決策技巧來解決這些問題。我們還沒有任何 AI 系統
可以擔任這樣的角色，而且不太可能很快就能開發出這種
功能。

了解複雜、整合的實體

很明顯地，就像我們在新加坡陸路交通管理局的案例
裡所說，AI 可以讓我們對複雜、相互關聯的實體有所洞
察，然而它仍然不夠可靠和準確，因此我們還是需要人類
的監督。正如該案例的管理人員所說，AI 和相關系統會

將交通問題通知人類監控人員,「讓我們能夠明智地決定該如何處理問題。」

但做出這些決定的是人類,而不是機器。即使是小型的城市國家,它們的交通網同樣非常複雜,就算是最好的 AI 也無法解決。

與人建立關係

在了解如何和其他人建立和培養關係上,人類的表現仍然比 AI 好,我們也在研究案例裡看到這一點。AI 有助於我們服務客戶,包括摩根士丹利的下一個最佳行動做法,以及阿肯色州立大學利用 Gravyty 籌款,但我們仍需要人類銷售人員審查服務內容,確保服務符合我們想得到的關係,並在服務內容裡增加個人化的訊息。

到目前為止,真正擅長和人類建立關係的電腦系統,只出現在好萊塢,例如電影《雲端情人》(*Her*)或《人造意識》(*Ex Machina*)。也許有一天,它們會出現在現實生活裡。

提供工作滿意度並培養士氣

　　以雷帝斯金融集團為例，我們發現儘管該公司大量使用 AI，並透過數據和分析密切監控員工的個人績效，但這家抵押貸款公司的士氣和員工工作滿意度，仍然很高。這項發現顯示，正是管理和同事關係裡的人性元素，讓員工對工作產生正面情感，這種人類互動可以抵消一些 AI 和其他技術「去人性化」的影響。

分析語氣

　　同樣是在書面溝通的領域，直覺軟體公司在使用 AI 工具——Writer 時發現，雖然 AI 可以對文字內容產生許多洞見，但它無法有效分析語氣。AI 的社群媒體分析軟體也有這個問題，這些分析很難理解什麼叫做諷刺。即使是最強大的自然語言生成系統，例如 Open AI 的 GPT-3，有時候也會產生冒犯讀者的內容。這表示人類很可能要繼續負責評估內容，以確保內容適合人們敏感的口味。但這一點上 open AI 有持續優化的趨勢，只是跟人類細膩的感受與情感表達相較之下，可能還有滿長一段路要走。

了解情緒的狀況和需求

Stitch Fix 的案例，很適合說明 AI 無法理解情感的細微差別和背景。AI 系統可以推薦顧客他們可能會購買的服裝，但無法考慮到特殊場合的情緒。

客戶對造型師發送「注意事項」的說明，例如「我先生即將結束 12 個月的外派任務，並回到國內」、「我要去前任也會參加的婚禮」，或者「我即將開始新的工作，需要穿得讓人印象深刻」，但 AI 系統無法真正理解這類說明的目的。理解情境的情緒，可能是 AI 最後才學會的事情之一，如果它學得會的話。在可預見的未來裡，扮演這個角色的人們似乎仍很安全。

思考 AI 的倫理影響

公司開始意識到，AI 系統可以對組織、員工和社會產生重要意義。AI 無法思考和處理這些意義，但人類可以。賽富時的倫理 AI 實踐案例，很妥當地說明人類可以做什麼：我們可以在組織內外宣傳、指導，並制定解決倫理問題的準則和策略。在我們有生之年，這些任務

不太可能被 AI 接手。北卡羅來納州威明頓警察局使用 Shotspotter 公司的 AI 系統，可能會產生倫理問題，但該供應商已經採取許多措施來消除或減少這些問題，並在軟體裡設計了緩解方案。

謹慎決定何時使用 AI

即使 AI 可以執行某個任務，它可能也不擅長執行該任務。例如，在 Flippy 的案例裡，一家快餐店的加盟店經理認為，Flippy 擅長煎煮卻不夠擅長翻漢堡肉，因此無法勝任這項工作。Flippy 沒有意識到自己的缺點，AI 通常都是如此。那麼，只有人類才能決定是否應該使用 AI。

管理組織變革

我們有幾個案例顯示，如果要有效使用 AI 系統，就需要組織變革。在南加州愛迪生公司、摩根士丹利、直覺軟體公司，以及其他特別介紹過的公司，很大程度上是自願使用新的 AI 系統。只有當人們透過說服或消除組織障

礙，刺激人們使用 AI 時，人們才願意使用。即使在最樂觀的情況下，似乎不太可能出現能夠執行這類任務的 AI 組織變革管理系統。

協調實體環境以進行分析

AI 可以分析有形或無形的實體，但如果沒有人類來設定分析的過程和狀況，AI 也無用武之地。就像在 MBTA（麻薩諸塞灣交通管理局）的油品分析，以及希捷科技的自動視覺檢測案例裡，AI 在分析數據和建議行動上，成效都很好。然而，如果沒有人類蒐集和建構數據、設計和設定設備，並且監控過程是否正常運行，就不可能有這種分析。

創造新知識並將知識轉移到系統中

太平洋軸承公司的案例，說明了人類需要創造出可以轉移到 AI 系統上的新知識。在這種情況下，我們需要經驗豐富的機械師建立訓練材料，新手可以使用學習管理系

統和擴增實境眼鏡進行學習。該系統確實運作良好，但那是因為它一開始是由人類所建立的。短時間內，AI 還無法直接從經驗豐富的人類大腦中汲取知識。

修復 AI 系統

FarmWise 數位除草機的案例強調，我們偶爾還是需要人類來修復 AI 系統。在公司裡，必須有人負責監督除草機器人，尋找機械或軟體故障的跡象。如果出現問題，他可以在線上聯繫到能夠幫助修復系統的專家團隊。在某些領域裡，也許 AI 能夠提出自我修復的建議，但它似乎不太可能在所有情況下，都順利做到這一點。所以，人類技師將能夠長期就業。

我們可以做的事

在需要判斷和評估的幾個領域中，由於人類目前的表現仍比 AI 出色，這表示如果讓 AI 做決策，起碼在大多數情況下，人類應該有可能推翻這些決策。組織可能會想和

Stitch Fix 一樣，監控人類推翻 AI 決策的狀況，並評估推翻的頻率和有效性。

AI 專家應該花時間和管理者與員工交流，解釋 AI 能做什麼，以及不能做什麼。這些演講應該針對具體的應用進行討論，因為 AI 的功能非常廣泛，而且可以應用在許多地方。這些 AI 專家在構建 AI 系統前，應該詳細了解人們的工作環境，以便知道 AI 可能或成功做到什麼。專家和管理者應該共同把 AI 系統，慢慢融入一項一項的工作裡，而不是一次整個導入。

所有 AI 參與者，包括開發人員、潛在使用者及其管理者，都應該知道實施 AI，其實是在管理組織變革。他們應該為評估變革管理和介入措施擬定預算，並確保團隊具備的必要技能。如果引進 AI 可能會讓人們失業，我們建議慢慢實施這項改變。倫理管理也要求雇主對員工未來的工作前景，以及 AI 可能對他們產生的影響保持透明，以便員工能夠為增加 AI 價值的角色做好準備，或尋找其他就業機會。

第三部

智慧協作時代的關鍵思考

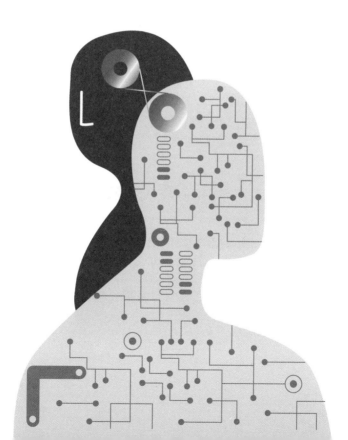

37

智慧協作的未來

　　我們花了超過一年半的時間，試圖了解當今的尖端工作是什麼樣子。我們對於當前工作的研究，可以為將來的工作帶來哪些啟示？我們可以從第一部〈AI 同事與智慧協作實況〉和第二部〈AI 賦能下的職場大未來〉的章節中學到什麼？我們顯然有一些結論。

人類的工作不會消失

　　首先，很多人預測，AI 和自動化將大幅降低我們對人類工作的需求，但這種看法很大程度上是錯的。[1] 這些 AI 技術，可能會對特定領域的整體經濟就業產生一些負

面影響，但我們沒有看到證據顯示，技術會大量消滅整個經濟的就業機會。研究案例裡探索的公司，都沒有因為自動化或 AI 而解僱員工。我們描述的一些工作都是新工作，如果沒有 AI，就不會存在這些工作。從更廣的經濟角度來看，成長、人口結構和限制移民的政策，似乎顯示未來幾十年內，許多工作很可能會因為勞動力短缺，而出現人力不足的問題，起碼在世界上幾個最大經濟體裡，大多數國家會面臨這種狀況。

如果正在閱讀本書的是人類——我們認為你應該是——這表示你要把注意力從擔心自己被機器取代，轉移到擔心如果自己必須和智慧機器合作，你能否為喜歡的工作帶來附加價值。附加價值可以是指檢查機器的工作，確保機器順利完成工作；改進機器的邏輯或決策；對其他人解釋機器的結果；或者指執行機器出於某些原因不能或不應該執行的任務。由於本書描述的每個人，都在自己的工作崗位上以某種方式帶來附加價值，這些研究案例應該可以為你提供一些建議，讓你知道如何做到這一點。

事情進展緩慢且成本很高

我們的第二個結論，符合喬治‧衛斯特曼的數位創新定律。該定律是由麻省理工學院史隆管理學院的喬治‧衛斯特曼教授所提出。[2] 簡單來說，該定律指出雖然科技日新月異，但組織的改變卻十分緩慢。在組織裡導入新技術、改變人們完成工作的方式並提升生產力，是緩慢而複雜的過程。我們在第二部指出了這一點，利用 AI 改變工作時，有一部分工作是要協調公司內部生態系統的複雜性。這部分「需要舉全村之力」才能完成。就算只是規劃這些改變而協調一切所需的專業知識，就已經是一項艱鉅的工作，且需要一段時間才有成果，而這還只是人們尚未實際開始打造、部署和進一步改進系統之前，就需要投入的精力和時間。此外，我們的研究案例顯示，變革管理工作、教育員工了解 AI 模型的目的和輸出所需時間，並且為了讓員工信任模型所需投入的成本，有時候可能比單純開發 AI 模型所需的時間更長。

我們將補充衛斯特曼定律，指出組織變革的成本非常高，而且不會像摩爾定律（Moore's law，編按：積體電路上可容納的電晶體數目，約每隔兩年增加一倍，成本則保持不變或降低）描述的那樣：半導體的成本可以呈指數下降。所

有因流程大幅改變而導致工作變化的成本都很高，尤其是牽涉 AI 系統的流程。想要提高生產力，不僅要在技術本身的軟硬體進行前期和持續的投資，還要在人們利用新技術的能力上，加以補強和調整。當然，在某些情況下，公司可以使用雲端的 AI 應用程式產品，或者採用供應商提供的其他商品化 AI 應用程式，並以幾乎不需要和公司現有技術基礎設施或流程整合的方式，使用這些解決方案。在這種情況下，公司在生產力上取得效益所需的時間和精力，可能很少。但這種情況由於與現有流程和工作方式較少整合，因此，對公司生產力可能帶來較小的影響。

我們採訪的每個案例，皆是在特定時間裡做的研究，都是在這些公司完全部署系統後，且系統大致已經穩定或完全穩定，實際上已經開始帶來效率和效果才進行的。我們的研究案例沒有說明的是，許多例子都花了多年的努力，而且在我們開始觀察這些公司以前，早就在努力了。我們訪談這些組織前，這些公司確實將資源和精力投入到艾瑞克‧布林優夫森（Erik Brynjolfsson）及其同事所說，「建立並執行無數次彼此互補的投資和調整」之中，這往往會在一開始讓生產力出現下降。[3] AI 系統必須整合組織現有的技術基礎設施深度，並嵌入業務和管理流程中。

這種變革接近湯姆和其他人，在幾十年前所說的業

務流程重組[4]，也就是在技術的協助下，針對點到點的業務流程進行全面修改。例如，星展銀行 AI 金融交易監控的研究案例裡，該公司的分析長薩米爾・古普塔（Sameer Gupta）和我們分享以下的內容：

在我看來，這個工作之所以如此成功，是因為它不只牽涉到分析和 AI。團隊研究過它們如何運作整個交易的監控功能，並徹底改變執行這個功能的方式。這個轉變獲得了分析的支援、補充和強化。但就算用了最好的分析模型，如果我們沒有完成牽涉轉型的所有其他變革，我們也不會得到最後令人印象深刻的結果。我認為，這是一次由分析和 AI 強化的成功事業轉型。

在我們兩個研究案例裡，大公司併購了一家子公司，縮短了它們開發能力的過程。萬通保險為了數位承保而買下港灣人壽，克羅格為了拓展資料科學的能力而併購84.51°。但是，即使收購了擁有建置和使用強大 AI 系統的整個組織，這些大型母公司仍要經過多年努力，才能將新收購的子公司的技術能力及其「工作方式」，整合到母公司整體的生態系統中。

私營和公共部門負責監督 AI 和自動化專案的高階管

理層，必須預見到除了需要花時間部署技術外，還要花更多時間來進行必要的補充投資、創新和調整。他們還應該預見到，公司內部會出現生產力的 J 曲線效應（J-curve effect），意思是經濟生產力（包括所有成本和收益）一開始會下降，但後續測得的生產力會穩定甚至快速成長。[5] 在我們每個案例中，生產力提高要麼表現在任務或流程輸出的能力上，要麼表現在品質上，或者兩者兼具。我們需要更長的時間來彌補收益，然後超過實現收益所需的全部投資。

做好和 AI 協作的準備

第三個結論概述了基斯・卓爾（Keith Dreyer）博士的評論，他是波士頓知名的放射科醫生，同時擁有 AI 的博士學位。關於 AI 在放射學領域造成的失業問題，他評論：「唯一會因為 AI 而失業的放射科醫生，將是那些拒絕和 AI 合作的醫生。」[6]

我們預估，公司將要求許多員工和智慧機器一起工作。事實上，公司已經要求許多員工這麼做了，而拒絕的人將妨礙自己的就業能力。顯然，由於我們研究的案例

裡，所有員工都已經和智慧機器合作，所以他們可以安然保住工作。但很明顯地，即使他們想要避免和 AI 合作，很多人也避免不了。

這表示組織需要培養和提升員工技能，並擴展員工能力，尤其是人類比機器更具優勢的能力。我們在第 36 章〈機器（還）不能做什麼〉中強調過這一點。在我們的案例裡，組織必須深化其內部資訊科技的能力，並把能力拓展到數位轉型和資料科學／AI 的相關領域。此外，第一線使用系統者，必須學會如何和系統協作，主管和第一線經理必須了解流程變更，學會如何在新環境中管理。技術人員必須同時了解業務和自身專業領域，業務人員也必須學會技術能力和具備數位思維，而且要有人負責擔任橫跨並整合業務與技術的角色。對於受過高等教育，擁有大學到研究所學位的員工來說，這可能是相對簡單的任務。近幾十年來，受過最高教育的勞動人口大多表現良好，至少美國的勞動市場如此。[7]

然而，這些觀察也指出，勞動力在未來可能會更趨向兩極化和不平等。

那些願意並且能夠取得數位和 AI 相關技術的人，將在經濟上表現得愈來愈好，因為他們擁有就業能力和生產力。那些無論出於什麼原因而無法獲得所需技能的人，將

被排除在許多工作之外，並被迫從事未受 AI 輔助的工作，那些工作通常生產力不高，報酬也不高。這就是為什麼強化畢業生在校期間獲得相關工作的經驗如此重要，這樣做可以讓他們找到有前途的工作，並且加強已經工作的員工的訓練措施和計劃。

AI 的增強效果非常好

我們是刻意選擇已經在工作裡成功部署和使用 AI 的案例。我們只採訪那些有支薪的人，他們高度參與工作環境裡發生的所有技術和流程變革，而且大多數人熱衷於工作時使用或管理新的 AI 系統。他們喜歡自己的工作，喜歡和 AI 一起工作，而且他們不認為自己的工作很快就會被智慧機器取代。

有些人必須比以前更常使用大腦，因為和智慧機器一起合作，讓他們必須更常進行更高層次的評估和判斷技巧。他們還要和整個工作生態系統裡的人們，進行更複雜、更細緻的溝通和協調。那些人包括協助改善整體流程和智慧機器功能的人。還有一些人覺得工作永遠做不完，但他們認為這些還是相對較小的麻煩。

他們的雇主也很高興。在我們所有的實例裡，透過人類和智慧機器的合作，可以改善組織的事業。有愈來愈多私營和公共部門組織，正開始或已經開始使用 AI 應用程式進行這類變革管理，他們的經理和員工應該會發現，我們分享的成功案例可以為它們指引方向。

即將有更多自動化

我們認為，增強技術（即雇主打造出智慧機器可以和人類緊密合作的工作場所）是提升生產力的關鍵，也是能夠協助解決就業兩極化和不平等問題，並為人類帶來新機會的重要方法。

話雖如此，我們實際上認為，許多任務和整個流程全部用自動化處理最好。例如，我們的案例裡有四家公司幾乎完全自動化：FarmWise 的數位除草機、史丹佛醫療中心營運的機器人藥局、希捷科技的視覺檢測和感應器數據整合，以及速食店的煎炸烹調。即使在這些完全自動化的案例裡，我們還是需要增強技術，因為人類仍必須監督這些已經完全自動化的任務或流程，協助持續改進流程，以及處理特殊狀況並排除流程中斷的問題。但總的來說，就

相對穩定和不變的工作環境而言，我們預期隨著 AI 系統的不斷改善，人類的參與程度將隨時間逐漸下降。

然而，人類比機器靈活，更能感知環境。如果工作環境高度動態且工作流程需要不斷變化，則仍需要透過增強技術，建立人類與機器的夥伴關係。今後，我們都會遇到這兩種情況。無論是知識型還是體力型的工作，若工作環境靜態不變，就適合加以自動化。流動的工作環境，則需要加強協作的彈性。

當然，適應能力強的組織，在長期裡將有更好的經濟表現。我們懷疑，即使 AI 能力不斷提升[8]，廣泛的增強技術將持續存在。有些環境變化得比較慢，但最後可能從人類增強轉向完全自動化。對於在那種環境工作者，我們只能希望他們能夠找到其他方法，為這些技術帶來附加價值。或者，他們可以轉向其他公司，那些公司在使用 AI 的同時，也重視並懂得善用人類的能力。

在工作全自動化之前，人類很難被取代

我們要用「奇點」（the singularity）來臨時，可能發生什麼事來結束本章和本書。奇點是指 AI 可以做人類做

的任何事，而且做得比人類好。不管現實如何，奇點都是幾十年後才會發生的事，甚至可能更久。[9] 馬丁・福特採訪過二十三位 AI 和機器人先驅，詢問他們認為 AI 何時可以做到人類水準的能力（或稱通用 AI）。只有十八個人願意預測時間點。在這些預測裡，平均預測的年分是 2099 年，最早的預測年分是 2029 年，是由知名的 AI 樂觀主義者雷・庫茲威爾（Ray Kurzweil）提出；最晚的預測年分是 2200 年，由前麻省理工學院教授、機器人企業家羅德尼・布魯克斯（Rodney Brooks）提出。[10]

不管那個遙遠的時刻何時到來，大多數的工作可能不再需要由人類完成。如果有一天，所有工作都可以完全自動化，我們希望到那個時候，社會已經找到方法可以把強大的微處理器（microprocessors）植入人類大腦，或者為我們參與社會和文化活動而支付我們薪水，可能因為我們畫畫或寫詩（雖然到時候，我們做得不如 AI 好）。

在這種情況下，肯定需要巨大的社會變革。但現在或在數十年的未來裡，我們都沒有必要進行這類改變。雖然，今日的工作場所需要許多變革，也需要努力地教育和提高既有勞動力和初階員工的技術，但在這個智慧機器和智慧人類的時代，這些對工作和生活造成的改變都是漸進的，過程雖然艱難但又十分重要。

｜注釋｜

◆ 前言

1. 更全面的 AI 定義，以及有用的 AI 子領域分類法，請參見 S. Samoili, M. López Cobo, E. Gómez, G. De Prato, F. Martínez-Plumed, and B. Delipetrev, *AI Watch: Defining Artificial Intelligence: Towards an Operational Definition and Taxonomy of Artificial Intelligence* (Luxembourg: Publications Office of the European Union, 2020), JRC118163。

2. 最激進的失業預測來自達文西研究所（DaVinci Institute）的湯馬斯・佛雷（Thomas Frey），他認為到了 2030 年，將有 20 億個工作消失。請見 Thomas Frey, "Two Billion Jobs to Disappear by 2030," *Journal of Environmental Health* 74, no. 10 (2012): 36–39, www.jstor.org/stable/26329429。世界經濟論壇的預測則比較樂觀，預計到 2022 年，將失去 7500 萬個工作，同時創造 1.33 億個工作。請見 World Economic Forum, *The Future of Jobs 2018* (Geneva: World Economic Forum, Centre for the New Economy and Society, 2018), http://www3.weforum.org/docs/WEF_Future_of_Jobs_2018.pdf。

3. Martin Ford, *Rise of the Robots: Technology and the Threat of a Jobless Future* (New York: Basic Books, 2015); Jerry Kaplan, *Humans Need Not Apply: A Guide to Wealth and Work in the Age of Artificial Intelligence* (New Haven, CT: Yale University Press, 2015).

4. Thomas H. Davenport and Julia Kirby, *Only Humans Need Apply: Winners and Losers in the Age of Smart Machines* (New York: Harper

Business, 2016); Paul R. Daugherty and H. James Wilson, *Human + Machine: Reimagining Work in the Age of AI* (Boston: Harvard Business Review Press, 2018).

5.   Michael Chui, James Manyika, and Mehdi Miremadi, "Four Fundamentals of Workplace Automation" (New York: McKinsey Global Institute, November 1, 2015), https://www.mckinsey.com/business-functions/digital-mckinsey/our-insights/four-fundamentals-of-workplace-automation.

6.   James Manyika, Michael Chui, Mehdi Miremadi, et al, "Harnessing Automation for a Future That Works" (New York: McKinsey Global Institute, January 2017), https://www.mckinsey.com/featured-insights/digital-disruption /harnessing-automation-for-a-future-that-works.

7.   Christopher Mims, "Self-Driving Cars Could Be Decades Away, No Matter What Elon Musk Said," *Wall Street Journal*, June 5, 2021, https://www.wsj.com/articles/self-driving-cars-could-be-decades-away-no-matter-what-elon-musk-said-11622865615.

8.   請見 Daron Acemoglu and Pascual Restrepo, "Robots and Jobs: Evidence from US Labor Markets," *Journal of Political Economy* 128, no. 6 (June 2020)。

9.   早期有關工業機器人對就業影響的研究，總結於 Claire Cain Miller, "Evidence That Robots Are Winning the Race for American Jobs," *New York Times*, March 28, 2017, https://www.nytimes.com/2017/03/28 /upshot/evidence-that-robots-are-winning-the-race-for-american-jobs.html。

10. 請見 Deloitte Development, *State of AI in the Enterprise, 2nd Edition: Early Adopters Combine Bullish Enthusiasm with Strategic Investments, Deloitte Insights*, July 2018, https://www2.deloitte.com/us/en/insights/focus/cognitive-technologies /state-of-ai-and-intelligent-automation-in-business-survey-2018.html。

11. 請見 Deloitte AI Institute and Deloitte Center for Technology, Media and Telecommunications, "Thriving in the Area of Pervasive AI: Deloitte's State of AI in the Enterprise," 3rd ed. , *Deloitte Insights*, July 2020,

https://www2.deloitte.com /cn/en/pages/about-deloitte/articles/state-of-ai-in-the-enterprise-3rd-edition.html。

12. 請見世界銀行開放（World Bank Open Data）資料網站：https://data.worldbank.org。

13. 請見Daron Acemoglu and Pascual Restrepo, "Demographics and Automation," *Review of Economic Studies* 89, no. 1 (January 2022): 1–44。

◆ 5 蝦皮：產品經理在 AI 電子商務裡的角色

1. 為了保密，我們已經改過本案例提到的兩位產品經理的名字。

◆ 11 84.51° 和克羅格：自動化機器學習提高資料科學生產力

1. 請見 Thomas H. Davenport and D. J. Patil, "Data Scientist: The Sexiest Job of the 21st Century," *Harvard Business Review*, October 2012, https://hbr. org/2012/10/data-scientist-the-sexiest-job-of-the-21st-century。

◆ 12 麥迪安網路安全公司：AI 輔助網路威脅歸因

1. 當我們在 2020 年中第一次寫到這個案例時，該公司的名字是 FireEye。2021 年 10 月 5 日，FireEye 的軟體業務被一家私募股權公司收購，原公司其餘的服務和軟體，改以新名字「麥迪安網路安全公司」重新面世。這個案例研究裡描述的所有內容，現在都是麥迪安的一部分。

◆ 21 希捷科技：AI 自動化視覺檢測技術，削減晶圓和晶圓廠損耗成本

1. 希捷科技一直在用 AI，從事和視覺檢測相關的工廠自動化計劃（如本案例研究所述），同時將技術用在感應器的資料整合。請見 Tom Davenport, "Pushing the Frontiers of Manufacturing AI at Seagate," *Forbes*, January 27, 2021, https://www.forbes.com/sites/tomdavenport /2021/01/27/pushing-the-frontiers-of-manufacturing-ai-at-seagate/? sh=69755 926c4f0。

◆ **23 速食漢堡店：AI 助理炸薯條的同時還能服務客人**

1. Mary Meisenzahl, "White Castle Adds More Miso Robotics Flippy Robot Cooks in 2021," *Business Insider*, October 27, 2020, https://www.businessinsider.com/white-castle-adds-more-flippy-robot-cooks-2020-10#.

2. Hilary Russ, "Taco Bell, McDonalds, and Johnny Rockets Are Struggling to Find Enough Workers to Fill Thousands of Positions as US Economy Re-opens," Reuters, April 6, 2021, https://www.businessinsider.com/fast-food-struggles-to -hire-as-demand-soars-us-economy-roars-2021-4.

◆ **28 MBTA：AI 輔助柴油分析以利列車維修**

1. Ryan Coholan, "The Internet of Things: Machine Learning Applied on MBTA Commuter Railroads," *Global Railway Review*, June 18, 2020, https://www.glob alrailwayreview.com/article/100930/internet-of-things-machine-learning-mbta.

2. Mike Jensen, "Beyond the Oil Lab: Machine Learning for Predictive Analytics," LinkedIn, posted September 23, 2020, https://www.linkedin.com/pulse /beyond-oil-lab-machine-learning-predictive-analytics-mike-jensen.

◆ **30 用 AI 改變工作，需舉全村之力**

1. 我們沒有在案例研究裡，嘗試進行經濟生產力的評估。也就是說，我們沒有嘗試量化輸出與投入的價值比率，並隨著時間比較這個比率的變化。我們在和第一線員工或其管理者討論時，他們會表示部署 AI 系統和改變相關流程後，如何提高工作的「生產力」。他們沒有比較過改善帶來的價值，與實現這個價值所需投入的價值之間的差異。要了解量化測量 AI、資訊科技和數位化轉型，對生產力影響的複雜性和挑戰，請見艾瑞克·布林優夫森、丹尼爾·羅克（Daniel Rock）和查德·西佛森（Chad Syverson）的研究成果。"The Productivity J-Curve: How Intangibles Complement General Purpose Technologies," *American Economic Journal: Macroeconomics* 13, no. 1 (2021): 333–372, and Erik Brynjolfsson, D. Rock, and C. Syverson.

"Artificial Intelligence and the Modern Productivity Paradox," in *The Economics of Artificial Intelligence: An Agenda*, ed. Ajay Agrawal, Joshua Gans, and Avi Goldfarb (Cambridge, MA: National Bureau of Economic Research, May 2019), 23–57。

2. 我們觀察和研究第一線人員參與和投入的重要性，結果和幾十年來社會技術系統研究非常一致。想了解一開始在 1950 年代和 1960 年代，為採礦業和製造業建立的社會技術系統概念，如何從 1980 年代開始，被調整應用在電腦化的環境，請見 D. Austrom and C. Ordowich, "Calvin Pava: Sociotechnical Systems Design for the 'Digital Coal Mines,'" in *The Palgrave Handbook of Organizational Change Thinkers*, ed. D. B. Szabla, W. Pasmore, M. Barnes, and A. Gipson (London: Palgrave Macmillan, 2020)。
想了解社會科技系統設計的原則，如何應用在數位環境裡，請見 Stu Winby and Susan Albers Mohrman, "Digital Sociotechnical System Design," *Journal of Applied Behavioral Sciences* 54, no. 4 (2018): 399–423。

3. 想了解從人類譯者到 AI 處理專案的重要性，請見 Nicolaus Henke, Jordan Levine, and Paul McInerney, "You Don't Have to Be a Data Scientist to Fill This Must-Have Analytics Role," *Harvard Business Review*, February 5, 2018。

4. 請見 Deloitte AI Institute and Deloitte Center for Technology, Media and Telecommunications, "Thriving in the Area of Pervasive AI: Deloitte's State of AI in the Enterprise," 3rd ed. , *Deloitte Insights*, July 2020, https://www2.deloitte.com/cn/en/pages/about-deloitte/articles/state-of-ai-in-the-enterprise-3rd-edition.html。勤業顧問公司的研究發現，愈來愈多的公司打算購買和建立 AI 解決方案，相關說明請見 Tom Davenport, "Is AI Getting Easier?," *Forbes* online, July 14, 2020, https://www.forbes.com/sites/tomdavenport/2020/07/14/is-ai-getting-easier/?sh=1a1c2b1dcac2。

5. 請見 George Westerman, "The First Law of Digital Innovation," *Sloan Management Review*, April 8, 2019，以及 Tom Davenport 和 George Westerman "How HR Leaders Are Preparing for the AI-Enabled

Workforce," *Sloan Management Review*, March 17, 2021, https://sloanreview.mit.edu/article/how-hr-leaders-are-preparing-for-the-ai-enabled-workforce。

◆ 31 人人都是技術人員，或至少有混合角色

1. 請見 Kari Schreiner, "The Bridge and Beyond: Business Analysis Extends Its Role and Reach," *IEEE IT Professional Magazine*, November/December 2007, 50–54。

2. 請見 US Bureau of Labor Statistics, *Occupational Outlook Handbook*, "Computer Systems Analysts," BLS.gov, https://www.bls.gov/ooh/computer-and-informa tion-technology/computer-systems-analysts.htm#tab-2。

3. 想了解這個主題的經典參考資料，請見 J. C. Henderson and N. Venkatraman, "Strategic Alignment: Leveraging Information Technology for Transforming Organizations," *IBM Systems Journal* 32, no. 1 (1993); D. Preston and E. Karahanna, "Antecedents of IS Strategic Alignment: A Nomological Network," *Information Systems Research* 20, no. 2 (2009):159–179; and J. Gerow, V. Grover, J. Thatcher, and P. Roth, "Looking toward the Future of IT–Business Strategic Alignment through the Past: A Meta-Analysis," MIS Quarterly 38, no. 4 (2014): 1159–1186。

4. Marc Andreessen, "Why Software Is Eating the World." *Wall Street Journal*, August 20, 2011, https://a16z.com/2011/08/20/why-software-is-eating-the-world.

5. 請見 Tom Davenport and Vikram Mahidhar, "Pilots, Co-Pilots and Engineers: Digital Transformation Insights from CIOs for CIOs" (New York: Genpact, May 2021), https://www.genpact.com/lp/digital-transformation-cio-research。

6. Davenport and Mahidhar, "Pilots, Co-Pilots and Engineers."

7. 請見例子，Infocomm Media Development Authority and Skills Future SG, "Skills Framework for Infocomm Technology" (Singapore, 2020), https://www.imda.gov.sg/cwp/assets/imtalent/skills-framework-for-ict/

index.html。想了解協助資訊科技和 AI 科技專家，如何和業務議題與業務專家有更好的聯繫，請見網站 "Technical Skills and Competencies" and "Generic Skills and Competencies"。

8. 例如，請見 ACM Curriculum Recommendations 網站：https://www.acm.org/education/curricula-recommendations。

◆ **32 讓 AI 發揮作用的平臺**

1. 請見：Eric Niiler, "An AI Epidemiologist Sent the First Warnings of the Wuhan Virus," *Wired*, January 25, 2020; Zaheer Allam, *Surveying the COVID-19 Pandemic and Its Implications: Urban Health, Data Technology, and Political Economy* (Amsterdam: Elsevier, 2020)。

2. 請見：Peter Pirolli, "Human-Computer Sensemaking Models and the Challenges of Incorporating Artificial Intelligence," paper presented at the European Food Safety Authority Conference 2018, "Science, Food, Society," Parma, Italy, September 18–21, 2018。

3. 請見：US Securities and Exchange Commission, *Staff Report on Algorithmic Trading in U.S. Capital Markets*, SEC.gov, August 5, 2020, https://www.sec.gov/files/Algo_Trading_Report_2020.pdf。全自動演算法交易的風險，在〈Operational Risks to Firms and the Market〉一章有所討論，該報告也多次提到2010年5月6日閃電崩盤。

◆ **33 智慧案件管理系統**

1. 請見：Thomas H. Davenport and Nitin Nohria, "Case Management and the Integration of Labor," *Sloan Management Review* 35, no. 2 (1994)。

2. Davenport and Nohria, "Case Management and the Integration of Labor".

3. 想了解歷史上對論件計酬的看法與當代議題的概論，請見：Robert Hart, "The Rise and Fall of Piecework," IZA World of Labor, April 2016, https://wol.iza.org/articles/rise-and-fall-of-piecework/long, and V. B. Dubal, "The Time Politics of Home-Based Digital Piecework," in *The Future of Work in the Age of Automation and AI* (special symposium issue), *C4ejournal* (Toronto), May 2020, 50, https://

c4ejournal.net/2020/07/04/v-b-dubal-the-time-politics-of-home-based-digital-piecework-2020-c4ej-xxx。

◆ 34 新鮮人的就業機會將愈來愈少？

1. Thomas H. Davenport and Jeanne G. Harris, "Automated Decision Making Comes of Age," *Sloan Management Review*, July 2005.

2. Thomas H. Davenport and Julia Kirby, *Only Humans Need Apply: Winners and Losers in the Age of Smart Machines* (New York: Harper Business, 2016), 23.

3. 請在Lilt網站https://lilt.com/translators見"Become a Translator"一文。

4. 請見：Steven M. Miller and Sin Mei Cheah, "The Digital Transformation of Certis: Delivering beyond Security Services" (case study, Singapore Management University) (Boston: Harvard Business Publishing, August 13, 2021), https://hbsp.harvard.edu/product/SMU967-PDF-ENG。

5. 請見："Elevating the Human Potential: Upskilling Employees with Autism," blog post, Dentsu US newsroom October 30, 2020, https://www.dentsu.com/us /en/blog/elevating-the-human-potential-upskilling-employees-with-autism#to。

6. 請見：Jamie Merisotis, *Human Work in the Age of Smart Machines* (New York: Rosetta Books, 2020)，第三章。

7. Merisotis在*Human Work in the Age of Smart Machines*強調過這一點，尤其在第三、四、五章。

8. 請見：David Autor, David Mindell, and Elisabeth Reynolds, *The Work of the Future: Building Better Jobs in an Age of Intelligent Machines* (Cambridge, MA: MIT Task Force on the Work of the Future, November 17, 2020), sec. 5.1, "Policy Area One: Invest and Innovate in Skills Training"。

◆ 35 遠距獨立工作

1. Erik Brynjolfsson, John J. Horton, Adam Ozimek, et al., "COVID-19 and Remote Work: An Early Look at US Data," NBER Working Paper 27344 (Cambridge, MA: National Bureau of Economic Research, June

2020) 的調查分析，提供美國在 COVID-19 疫情之前，員工已經在家工作的估計比例。作者指出，在 COVID-19 爆發前，他們就已經訪談了報告裡的樣本子集，其中 15％的人表示，在 COVID-19 封鎖措施生效之前，他們已經在家工作了。由 Jose Maria Barrero, Nicholas Bloom 和 Steven J. Davis 在 "Why Working from Home Will Stick," NBER Working Paper 28731 (Cambridge, MA: National Bureau of Economic Research, April 2021) 所做的分析，參考了 2017 年到 2018 年之前的 American Time Use Survey 數據，估計當時有 5％的美國員工屬於在家工作。Susan Lund, Anu Madgavkar, James Manyika, et al., in "What's Next for Remote Work: An Analysis of 2,000 Tasks, 800 Jobs and Nine Countries" (New York: McKinsey Global Institute, November 23, 2020) 指出，「在 COVID-19 流行之前，已開發經濟體只有一小部分的勞動力──通常在 5 ～ 7％之間──會定期在家工作。」

2. Alexander W. Bartik, Zoe B. Cullen, Edward L. Glaeser, et al., "What Jobs Are Being Done at Home during the COVID-19 Crisis? Evidence from Firm-Level Surveys," NBER Working Paper 27422 (Cambridge, MA: National Bureau of Economic Research, June 2020); Lund et al., "What's Next for Remote Work"; Susan Lund, Anu Madgavkar, James Manyika, et al., "The Future of Work after COVID-19: The Postpandemic Economy" (New York: McKinsey Global Institute, February 18, 2021); and Barrero et al., "Why Working from Home Will Stick," 全都證明企業正在計劃增加，或是已經增加疫情後在家遠距工作的工作量。The "CEO Reflections" in the DBS Bank's *DBS Group Holdings Ltd.Annual Report 2020: Stronger Together: Banking with Purpose during the Pandemic* (Singapore: DBS Bank, March 2021) 都提供了具體例子，說明公司承諾在疫情後增加員工在家工作的時間。

3. Lund et al., "What's Next for Remote Work,"4。想進一步了解更適合面對面完成的任務，也請見 Lund et al., "The Future of Work after COVID-19," 5。

4. 請見例子：Thomas J. Allen, *Managing the Flow of Technology: Technology Transfer and the Dissemination of Technological Information*

within the R&D Organization (Cambridge, MA: MIT Press, 1984)。

5.　想了解公司為因應疫情後愈來愈多的遠距工作，而降低其辦公室空間的面積，並重新配置現有和新辦公空間的證據和例子，請見：Lund et al., "What's Next for Remote Work"; DBS Bank, "7 Trends to Look Out For in the Future of Work," December 1, 2020, https://www.dbs.com/livemore/serious-talk/7-trends-to-look-out-for-in-the-future-of-work.html; Adam Blanford, "Remote Work Won't Be Going Away Once Offices Are Open Again," *Bloomberg Businessweek*, March 5, 2020; Daisuke Wakebayashi, "Google's Plan for the Future of Work: Privacy Robots and Balloon Walls," *New York Times*, April 30, 2021, https://www.nytimes.com/2021/04/30/technology/google-back-to-office-workers.html；以及執行長反思未來的工作 DBS Bank Annual Report FY 2020, May 2021。

6.　請見：Evan DeFilippis Stephen Michael Impink, Madison Singell, et al., "Collaborating during Coronavirus: The Impact of COVID-19 on the Nature of Work," NBER Working Paper 27612 (Cambridge, MA: National Bureau of Economic Research, July 2020)。他們的研究總結在 Jena McGregor, "Remote Work Really Does Mean Longer Days—and More Meetings," *Washington Post*, August 5, 2020, https://www.washingtonpost.com/business/2020/08 /04/remote-work-longer-days/。

7.　請見：Eberly Center for Teaching Excellence and Educational Innovation, Carnegie Mellon University, "What Is the Difference between Formative and Summative Assessment?," https://www.cmu.edu/teaching/assessment/basics/formative-summative.html。

8.　請見以下和知識型工作以及員工的相關書籍，由湯瑪斯・戴文波特和共同作者合著：Thomas H. Davenport and Lawrence Prusak, *Working Knowledge: How Organizations Manage What They Know* (Boston: Harvard Business School Press, 2000); Thomas H. Davenport and Gilbert J. B. Probst, *Knowledge Management Case Book: Siemens Best Practices*, 2nd ed. (New York: Wiley, 2002); and Thomas H. Davenport, *Thinking for a Living: How to Get Better Performance and Results from Knowledge Workers* (Boston: Harvard Business Review Press, 2005)。

9. 請見：Barrero, Bloom, and Davis, "Why Working from Home Will Stick," and Lund et al., "The Future of Work after COVID-19."

10. 想了解人類大腦如何透過社交互動演化的證據，請見：Lucy A. Bates and Richard W. Byrne, "The Evolution of Intelligence: Reconstructing the Pathway to the Human Mind," in *The Cambridge Handbook of Intelligence*, 2nd ed. Robert J. Sternberg (Cambridge: Cambridge University Press, 2020)，第 18 章。想了解人類透過語言的社交互動，進行相互學習的重要性相關證據，請見：Stanislaw Dehanae, *How We Learn: The New Science of Education and the Brain* (New York: Penguin Random House, 2020)。

◆ 36 機器（還）不能做什麼

1. Robert J. Thomas, *What Machines Can't Do: Politics and Technology in the Industrial Enterprise* (Los Angeles: University of California Press, 1994).

2. 有關 AI 在理解和推理上，目前和近期有哪些限制的出色討論，請見：Melanie Mitchell, *Artificial Intelligence: A Guide for Thinking Humans* (New York: Farrar, Straus and Giroux, 2019); Gary Marcus and Ernest Davis, Rebooting AI: Building Artificial Intelligence We Can Trust (New York: Pantheon, 2019); and Erik J. Larson, *The Myth of Artificial Intelligence: Why Computers Can't Think the Way We Do* (Cambridge, MA: Belknap Press of Harvard University Press, 2021)。

3. Todd Feathers, "This App Claims It Can Detect 'Trustworthiness.' It Can't," Motherboard Tech by Vice, January 19, 2021, https://www.vice.com/en/article/akd4bg/this-app-claims-it-can-detect-trustworthiness-it-cant.

◆ 37 智慧協作的未來

1. 想了解近期針對 AI、機器人以及先進的自動化，對失業和就業水準影響的預測總結，請見：Marguerita Lane and Anne Saint-Martin "The Impact of Artificial Intelligence on the Labour Market: What Do We Know So Far?," OECD Social, Employment & Migration Working

Papers 256 (January 2021), and Lukas Walters, "Robots, Automation, and Employment: Where We Are," MIT Work of the Future Working Paper 05–2020 (Cambridge, MA: MIT Task Force on the Work of the Future, May 26, 2020)。

2. George Westerman, "The First Law of Digital Transformation," *Sloan Management Review*, April 8, 2019.

3. 請見：Erik Brynjolfsson, Seth Benzell, and Daniel Rock, "Understanding and Addressing the Modern Productivity Paradox" (Cambridge, MA: MIT Task Force on the Work of the Future, November 2020)。更多的細節請見：Erik Brynjolfsson, Daniel Rock, and Chad Syverson, "The Productivity J-Curve: How Intangibles Complement General Purpose Technologies," *American Economic Journal: Macroeconomics* 13, no. 1 (2021): 333–372。

4. 請參見：Thomas H. Davenport, *Process Innovation: Reengineering Work through Information Technology* (Boston: Harvard Business School Press, 1992)。

5. 艾瑞克・布林優夫森及其同事創造了「生產力 J 曲線」的概念，並分析這個現象。

6. 想了解專業放射科醫師，就 AI 對他們的職業可能產生的影響的各種觀點，請參見：Roxanna-Guilford-Blake, "Wait. Will AI Replace Radiologists After All?," *Radiology Business*。

7. David Autor, David Mindell, and Elisabeth Reynolds, The Work of the *Future: Building Better Jobs in an Age of Intelligent Machines* (Cambridge, MA: MIT Task Force on the Work of the Future, November 17, 2020), chap. 2, "Labor Markets and Growth"; David Autor, David Mindell, and Elisabeth Reynolds, *The Work of the Future: Shaping Technology and Institutions* (Cambridge, MA: MIT Task Force on the Work of the Future, November 1, 2019), chap. 2, "The Paradox of the Present"; chap. 3, "Technology and Work: A Fraught History"; and chap. 4, "Is This Time Different?"

8. 想了解 2016 年到 2021 年期間，AI 方法和應用能力的進展，請見：Michael L. Littman, Ifeoma Ajunwa, *Guy Berger, et al., Gathering*

Strength, Gathering Storms: The One Hundred Year Study on Artificial Intelligence (AI100) 2021 Study Panel Report (Stanford, CA: Stanford University, September 2021), http://ai100.stanford.edu/2021-report。想了解 AI 在未來幾年內,將如何發展的簡短但深刻的總結,也請見: Stuart Russell and Peter Norvig, "The Future of AI," in *Artificial Intelligence: A Modern Approach*, 4th ed. (London: Pearson Education, 2020), chap. 28。

9. Littman et al. 在 *Gathering Strength, Gathering Storms* 評估說,目前最先進的 AI 方法和系統,在許多領域仍與人類的能力相差甚遠,包括對世界的常識性知識、對因果關係的理解,以及能夠理解不同情境裡抽象的相似性,進而進行類比的能力。Edward Ashford Lee 在 *The Coevolution: The Entwined Futures of Humans and Machines* (Cambridge, MA: MIT Press, 2020) 提到,到目前為止,還沒有證據顯示人類每一個方面的智慧,都可以透過數位計算來複製或合成。

10. Martin Ford, *Architects of Intelligence: The Truth about AI from the People Building* It (Birmingham: Packt Publishing, 2018)。請特別參見第 25 章 "When Will Human-Level AI be Achieved? Survey Results"。

國家圖書館出版品預行編目(CIP)資料

智慧協作時代：一人即團隊的高生產力新商業模式／湯瑪斯·戴文波特（Thomas H. Davenport）、斯蒂芬·米勒（Steven M. Miller）著；周群英譯. -- 新北市：感電出版／遠足文化事業股份有限公司發行，2024.10
400 面；14.8×21 公分

譯自：Working with AI: Real Stories of Human-Machine Collaboration

ISBN 978-626-7523-07-0（平裝）

1.CST：人工智慧　2.CST：資訊科技　3.CST：人機界面

312.83　　　　　　　　　　　　　　　　113013183

智慧協作時代
一人即團隊的高生產力新商業模式
Working with AI: Real Stories of Human-Machine Collaboration

作者：湯瑪斯·戴文波特（Thomas H. Davenport）、斯蒂芬·米勒（Steven M. Miller）｜譯者：周群英｜內文排版：顏麟驊｜封面設計：Dinner｜主編：賀鈺婷｜副總編輯：鍾顏聿｜行銷企劃專員：黃湛馨｜出版：感電出版｜發行：遠足文化事業股份有限公司（讀書共和國出版集團）｜地址：23141 新北市新店區民權路108-2號9樓｜電話：02-2218-1417｜傳真：02-8667-1851｜客服專線：0800-221-029｜信箱：yanyu@bookrep.com.tw｜法律顧問：蘇文生律師（華洋法律事務所）｜ISBN：978-626-7523-07-0（平裝本）｜EISBN：9786267523094（PDF）、9786267523087（EPUB）｜出版日期：2024年10月｜定價：480元

Working with AI: Real Stories of Human-Machine Collaboration
by Thomas H.Davenport and Steven M. Miller
Copyright © 2022 by Thomas H.Davenport and Steven M. Miller
Originally published in the USA by The MIT Press, 2022
Complex Chinese language edition published in arrangement with The MIT Press, through The Artemis Agency.
All rights reserved.

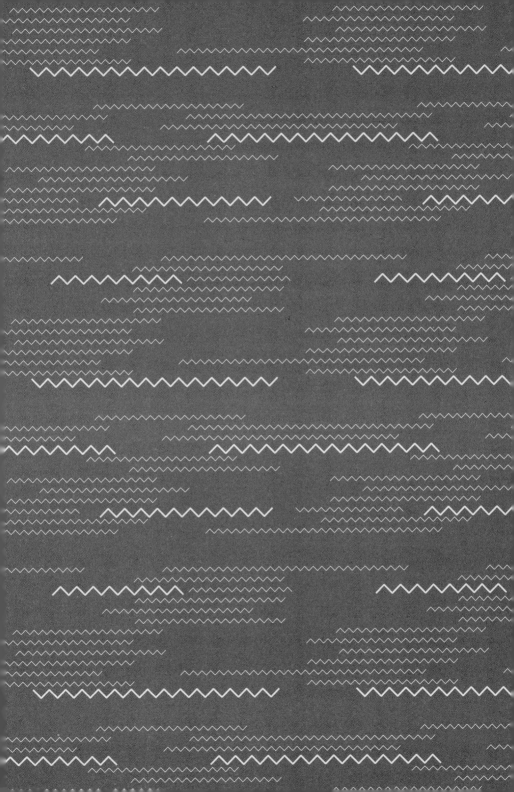

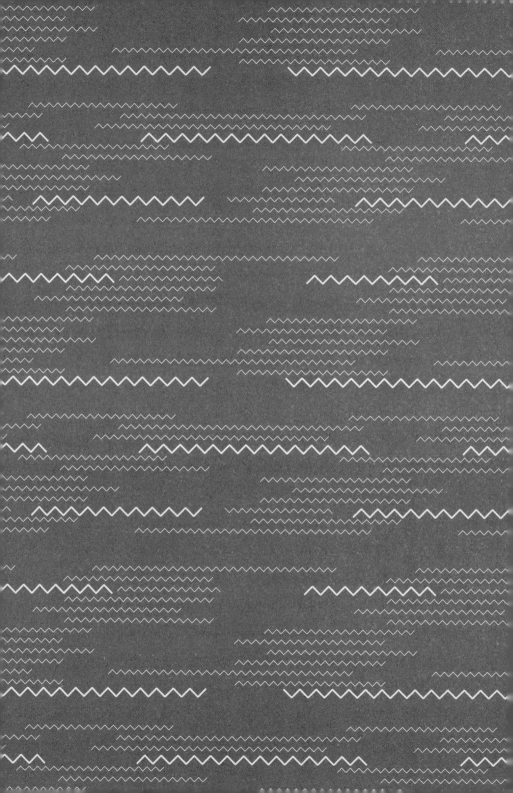

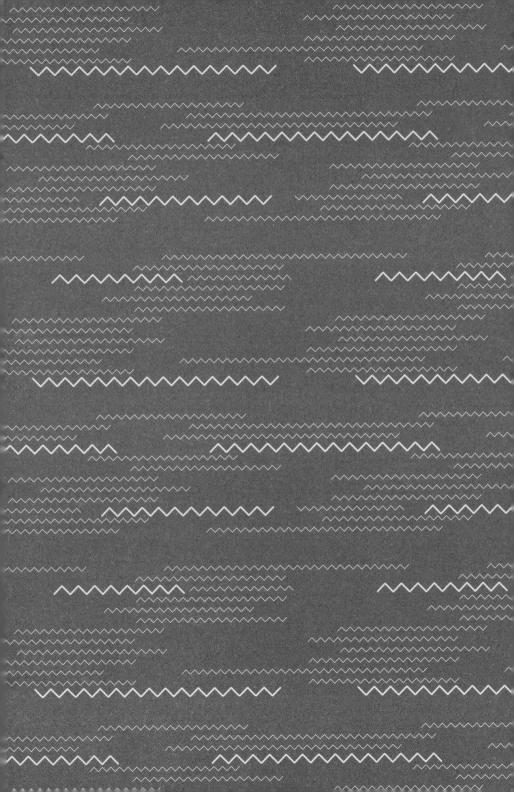

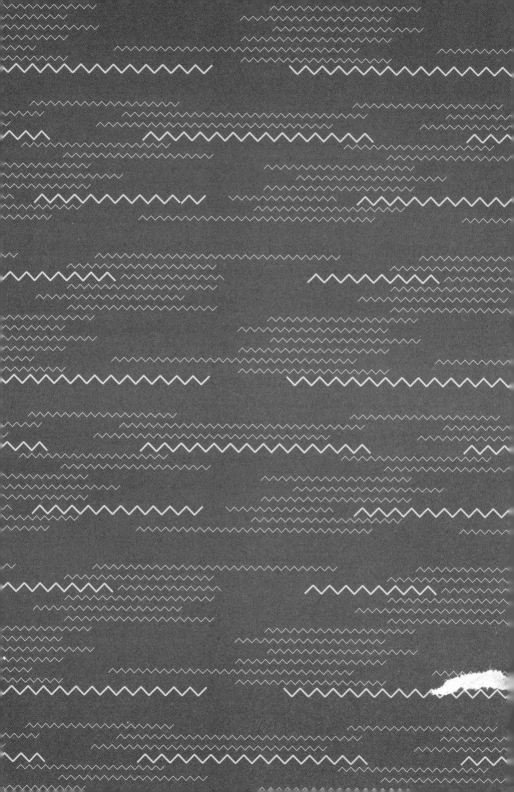